石油工人岗位知识读本

钻 井 液 工

杨　虎　郭健康　张建卿　主编

U0342027

石油工业出版社

内 容 提 要

本书主要介绍了钻井液岗位职责及工作内容、常用钻井液测试仪器及其使用方法、钻井液基本性能要求与调控方法、钻井液配浆材料及处理剂、钻井液的维护与处理、钻井液的固相控制、应对井下复杂情况的钻井液技术、油气层保护技术、钻井液废弃物处理等内容。

本书可供钻井液工及相关专业工人携带学习。

图书在版编目（CIP）数据

钻井液工 / 杨虎，郭健康，张建卿主编．

北京：石油工业出版社，2011.12.

（石油工人岗位知识读本）

ISBN 978-7-5021-8735-4

Ⅰ. 钻…

Ⅱ. ①杨… ②郭… ③张…

Ⅲ. 钻井液 – 基本知识

Ⅳ. TE 254

中国版本图书馆 CIP 数据核字（2011）第 205688 号

出版发行：石油工业出版社

　　　　　　（北京安定门外安华里 2 区 1 号　100011）

　　　　　网　址：www.petropub.com.cn

　　　　　编辑部：(010) 64523562　发行部：(010) 64523620

经　销：全国新华书店

印　刷：石油工业出版社印刷厂

2011 年 12 月第 1 版　2011 年 12 月第 1 次印刷
787×1092 毫米　开本：1/32　印张：5.5
字数：116 千字

定价：20.00 元
（如出现印装质量问题，我社发行部负责调换）

序

目前，中国石油新员工和年轻的员工数量众多，对所从事的工作还处于需要学习和熟悉的阶段，对相关技术知识掌握不牢；同时，计划外用工达几十万人，这些工人对所从事的岗位工作缺乏系统的技术培训和一定深度的了解，而石油行业是安全事故的高危行业，因此，有必要编写一套针对现场技术工人、内容简练易懂的岗位知识读本口袋书。主要内容为岗位工作职责、基本操作技能、规范操作要领和紧急安全预案。写作方式以图文并茂、简单易懂的方式。以供有关岗位员工随身携带、随时查阅、随时学习、随时提高。从而逐步稳固和提高这类岗位员工的相关知识，规范"标准动作"，减少"自选动作"，规避安全隐患。

目前，针对石油工人出版的大部头图书较多，内容偏细于技能操作基本知识和考级，而对岗位工作标准、职责、HSE规范和紧急安全预案涉及得较少。而本套丛书由长期工作在一线的资深技术人员编写，内容简要、实用，适合于广大员工随身携带、快速入门、现场学习使用。

希望本套丛书的出版将有助于石油工人牢记岗位知识，提高技能，从而提高石油工人队伍的整体素质。

中国石油天然气集团公司
总经理助理
李万余

目 录

第一章　岗位职责及工作内容

第一节　钻井液工岗位职责

一、岗位职责要求

（1）在钻井液技师带领和指挥下，负责钻井液的配制和处理，测定常规钻井液性能，填写钻井液日报表。复杂情况下听从驻井钻井液工程师直接指挥。

（2）按规定及时观察出口，测定钻井液量的增减并做好记录，发生溢流时，立即向司钻报告。

（3）负责钻井液循环系统、净化设备的使用和保养，填写运转记录。设备有问题时及时向钻井液技师汇报。

（4）负责循环加重泵和重浆储备罐的操作管理、维护保养工作及清洁卫生。

（5）负责钻井液材料的装卸、摆放和保管，保持料台的清洁卫生。

（6）负责循环系统的正常运转，防止跑、漏钻井液。

（7）负责固控系统、加重泵清洁卫生。

（8）在钻井液技师的指导下，负责固控设备易损件的更换与修理工作。

（9）熟悉工作范围内的安全知识。

（10）完成井队领导安排的其他工作。

二、巡回检查路线

值班房（坐岗房）→钻井液房→钻井液槽→处理剂胶液池→加重漏斗→搅拌器→储备罐→处理剂房。

三、工作内容

(1) 值班房（坐岗房）：了解井深、地层和技术措施及其对钻井液性能的要求。

(2) 钻井液房：测量钻井液性能并做好记录，明确处理方案及加药量；各种仪器齐全、完好、准确。

(3) 钻井液槽：检查钻井液循环路线是否正确，挡板布局是否合理，是否有跑、漏钻井液现象，各种固控设备的运转情况及净化效果是否良好。

(4) 处理剂胶液池：胶液的品种、浓度、比例及数量是否符合要求。

(5) 加重漏斗和搅拌器：加重漏斗管线齐全，闸门灵活好用，喷嘴畅通无阻；搅拌器、电动机运转正常。

(6) 储备罐：检查钻井液含量和性能。

(7) 处理剂房：检查各种药品标签、储备数量及存放位置是否合适。

四、技术要求

(1) 钻井液报表记录及时、齐全、准确，各种仪表清洁完好。循环及配浆系统的电动机运转正常，处理剂种类及储备的胶液量充足。

(2) 振动筛工作良好，筛布完好无损，筛面不跑、漏钻井液。除泥器和除砂器的电动机运转正常，底流呈伞状，工作压力在 0.15 ~ 0.25MPa。

(3) 循环罐无杂物，管线连接良好。加重管线系统配备齐全，闸门灵活，喷嘴畅通。

(4) 处理剂摆放合理，进出库记录准确无误。

第二节　钻井液技师岗位责任制

一、岗位责任要求

（1）在平台经理（或钻井队长）的领导、钻井液工程师的指导下负责全井钻井液技术措施的实施工作。

（2）当接到驻井钻井液工程师的指令后，应在规定的时间内按时安排钻井液工实施。

（3）安排、帮助钻井液工处理好钻井液，保证钻井液均匀稳定。

（4）根据实际处理剂消耗及库存情况，负责组织钻井液材料到井。

（5）负责钻井液固控设备、循环系统、加重处理系统的管理维护工作。检查钻井液工对设备的维护保养和使用记录情况。接到循环系统、净化系统有问题的报告后，应和钻井液工一起修理，不能处理的应及时报告上级设备管理部门。

（6）掌握钻井液设计和各段钻井液性能要求，协助驻井钻井液工程师做好钻井液工作。

（7）发现溢流、井漏等情况立即报告当班司钻。

（8）负责钻井液房内的设备保管。

（9）熟悉所属工作范围内的安全知识，对钻井液工的技术和安全操作有监督指导责任。

（10）完成井队领导安排的其他工作。

二、巡回检查路线

钻井液房→振动筛→除砂器→除泥器→除气器→清洁器→离心机→钻井液罐上的搅拌器→循环罐区钻井液量及性能→储备罐区钻井液量→加重泵→重浆储备罐→处理剂材料（储备量）。

三、工作内容

1. 钻井液房

检查常规性能测量仪器是否齐全，如密度计、马氏漏斗黏度计、API滤失仪、含砂量测定仪等（图1-1）。也要检查工具箱内是否有铁锤、扳手、钳子、螺丝刀、管钳、绝缘手套、口罩及防护眼镜等。

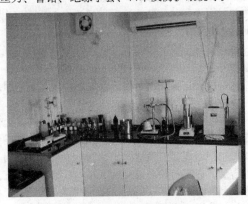

图 1-1　钻井液房一角

2. 钻井液槽的检查

主要检查钻井液槽是否泄漏、槽底固相沉积厚度是否需要清理以及槽内液面的高度是否合适等。

3. 配胶液池

主要检查池内是否清洁，有胶液时检查其种类、浓度及数量等，电动机工作是否正常。确保能及时配液，并将药液及时泵入 1# 罐内。

4. 循环罐上的搅拌器

停机时，用手检查搅拌器的电动机是否过热，机油是否足量。若电动机过热，则先停机休息一段时间；若机油不够，则应加足机油。

5. 除泥器、除砂器和离心机

检查除泥器、除砂器和离心机是否泄漏钻井液，检查是否用清水清洗，是否灵活好用，压力表是否灵活、准确、好用。若有钻井液泄漏，则需要采取措施。

6. 储备罐

检查储备罐的容积刻度是否清晰，罐内钻井液量是否合理，钻井液是否沉淀，阀门是否灵活、好用。

7. 配浆漏斗

检查配浆漏斗（图1-2）内壁是否黏附太多的处理剂等物质，太多时应加以清理；检查漏斗喉部是否被堵塞，堵塞时应打通；检查阀门是否灵活、好用。

图1-2　配浆漏斗

8. 处理剂材料房

保持处理剂材料房清洁干燥，处理剂种类按要求配备齐全，处理剂的存放位置合理，数量和名称标示清晰。

四、技术要求

上岗后应严格检查钻井液循环路线及各项点，对各项点出现的问题及时解决，故障及时排除，以确保钻井安全顺利进行。

第三节 钻井液管理基本条例

钻井液技术是钻井工程的重要组成部分，随着钻井液工艺技术的不断提高以及先进技术的广泛应用，钻井液工艺已跃入科学发展阶段。为适应今后石油勘探开发的需要，钻井液管理工作应遵循以下条例。

(1) 必须使用优质钻井液。

使用优质钻井液有利于实现安全、快速、低耗钻井，有利于取准取全地质、工程等各项资料，有利于发现和保护油气层，减少对油层的伤害。

(2) 必须搞好钻井液设计。

钻井液设计是钻井设计内容的一部分，每口井开钻前必须搞好设计，无设计者不准开钻。钻井液设计要注意以下两点。

① 设计根据：根据地质方面提供的地层孔隙压力、破裂压力、井温、复杂井段等资料（新区第一口探井可根据地震资料提出地层压力系数），结合钻井工程的需要进行设计。

② 设计内容：主要包括地层分层及特点，分段钻井液类型和参数范围，复杂地层及油气层钻井液处理的措施，维护处理要点，钻井液材料计划，钻井液及其材料储备。

(3) 遵守密度设计原则。

钻井液密度的设计，主要是为平衡地层压力（特别是油气层及确保钻井工程安全，在井塌、井漏、缩径和异常压力等复杂地层），所以必须以地质设计提出的分层地层压力为依据，油气层以压稳为钻井前提，水层以压死为钻井前提。设计密度时一般在地质资料基础上附加一个压力安全系数：气层压力安全系数为 $0.07\sim0.15g/cm^3$；油层压力安全系数为 $0.05\sim0.10g/cm^3$。安全系数上下限的选择是根据现场钻井液流变性、起钻速度等因素来确定的。

（4）钻井中要严格执行设计。

地质情况或工程需要改变钻井液设计时，应取得原设计审批单位同意后才能实施（紧急情况除外）。

第二章 常用钻井液测试仪器及其使用方法

第一节 钻井液密度计

一、钻井液密度计的结构

测量钻井液密度的仪器称为钻井液密度计。它包括钻井液密度计本体和支架两部分。密度计本体由秤杆、主刀口、钻井液杯、杯盖、游码、校正筒、水平泡等组成。支架上有支撑密度计刀口的主刀口垫和挡壁（图2-1）。

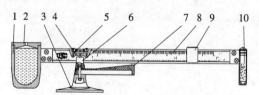

图2-1 钻井液密度计示意图

1—钻井液杯；2—杯盖；3—底座；4—主刀口；5—水平泡；
6—主刀口垫；7—挡壁；8—秤杆；9—游码；10—校正筒

钻井液杯容量为140mL。钻井液密度计的测量范围为 $0.95\sim2.00\text{g/cm}^3$，精确度为 $\pm0.01\text{ g/cm}^3$。秤杆上的刻度每小格表示 0.01 g/cm^3，秤杆上带有水平泡，保证测量时秤杆水平。

现场用的密度计实物图如图2-2所示。

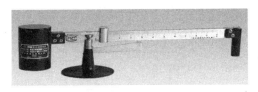

图 2-2 现场用的密度计

二、钻井液密度计的使用方法

（1）放好密度计（秤）的支架，使之尽可能保持水平。

（2）将待测钻井液注满密度计一端的清洁的钻井液杯。

（3）把钻井液杯盖盖好，并缓慢拧动压紧，使多余的钻井液从杯盖的小孔中慢慢溢出。

（4）用大拇指压住杯盖孔，清洗杯盖及横梁上的钻井液并用棉纱擦净。

（5）将密度计刀口置于支架的主刀垫上（图 2-3），移动游码，使秤杆呈水平状态（即水平泡在两线之间）。

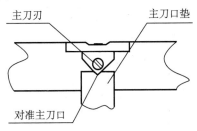

主刀刃　　　　　　　　　　主刀口垫

对准主刀口

图 2-3 密度计刀口置于支架的主刀垫上

（6）在游码的左边边缘读出所示刻度（图 2-4），即为待测钻井液密度值，其单位为 g/cm³。

钻井液的密度值

图 2-4　密度计读数

（7）测量完成后，将杯中的钻井液倒回钻井液循环系统，把密度计冲洗干净。

三、校正钻井液密度计

在钻井液杯中注满清洁的淡水（严格来讲是 4℃ 时的纯水，一般可用 20℃ 以下的清洁淡水），盖上杯盖擦干，置于支架上。当游码内侧对准密度 $1.00\ g/cm^3$ 的刻度线时，秤杆呈水平状态（水平泡处于两线中央），说明密度计准确，否则应旋开校正筒上盖，增减其中铅粒，直至水平泡处于两线之间，称出水密度为 $1.00\ g/cm^3$ 时为止。

四、注意事项

（1）经常保持仪器清洁干净，特别是钻井液杯，每次用完后应冲洗干净，以免生锈或黏有固体物质，影响数据的准确性。

（2）要经常用规定的清水校正密度计，尤其是在钻进高压油、气、水层等复杂地层时，更应经常校正，保证所提供的数据有足够的准确性。

（3）使用后，密度计的刀口不能放在支架上，要保护好刀口，不得使其腐蚀磨损，以免影响数据准确性。

（4）注意保护水平泡，不能用力碰撞，以免损坏而影响使用。

第二节　漏斗黏度计的结构和使用方法

目前钻井现场测量黏度的仪器多采用马氏漏斗黏度计，有少数使用范氏漏斗黏度计，下面分别介绍。

一、马氏漏斗黏度计

1. 结构

马氏漏斗黏度计是目前现场常用的测量钻井液黏度的仪器，它采用美国 API 标准制造，基本原理仍然是以定量钻井液从漏斗中流出的时间来确定钻井液的黏度，不同的是该仪器所采用的体积计量单位不同，其漏斗和钻井液杯在结构上也略有区别。

马氏漏斗黏度计主要包括漏斗、筛网、量杯三个组成部分，筛网孔径为 1.6mm（12 目），漏斗目筛网底以下容量为 1500mL，如图 2-5 所示。

现场用的实物图如图 2-6 所示。

2. 使用方法

（1）测量前首先检查漏斗、导流管以及钻井液杯是否完好，导流管内有无脏物堵塞。

（2）用左手食指堵住漏斗下部的导流管出口，将新取的钻井液样品 1500mL 经筛网注入直立的漏斗中，直到钻井液样品液面达到筛网底部为止。

（3）将塑料盛液杯置于漏斗口的下方，右手按动秒表的同时，松开左手食指待流出 946mL 至盛液杯刻度线时，立即停秒表，同时左手食指迅速堵住管口，记下所消耗的时间。所记录的时间即为漏斗黏度，其单位为 s。

（4）测量完成后，将杯中的钻井液倒回钻井液循环系统，清洗漏斗和钻井液杯，擦干并妥善放置。

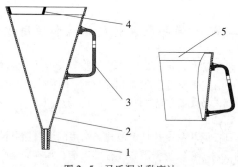

图 2-5 马氏漏斗黏度计

1—导流管；2—漏斗体；3—漏斗手柄；

4—12 目筛网；5—塑料盛液杯

图 2-6 现场用的马氏漏斗黏度计

3.校正马氏漏斗黏度计

马氏漏斗黏度计常用纯水进行校正。其方法是：在温度为（20±2）℃的环境中，将漏斗挂在支架上，以左手食指堵住管口，注入 1500mL 水，开秒表同时松开左手食指，待流出流入 946mL 时停止计时，其时间应符合（26±0.5）s。

4. 注意事项

(1) 避免接触高温，以免引起变形。

(2) 操作和存放时应清洗好导流管，不得碰撞漏斗，漏斗内壁不得划伤，以免影响精度和使用。

(3) 测量钻井液前黏度计需用清水按规程进行校正。

(4) 钻井液需充分搅拌均匀（井口测量可免于此项），保证数据的准确性。

(5) 严禁对过滤网使用过大外力，以免使其破损、变形，影响精度和使用。

二、范氏漏斗黏度计

1. 结构

该黏度计是现场曾普遍使用的一种，虽然它只能测量出钻井液的有效黏度，是个相对数值，不能完全真实反映钻井液内部的变化状态和井下情况，但它操作简单、使用方便、经济耐用。范氏漏斗黏度计由漏斗、筛网、钻井液杯和导流口组成，筛网孔眼为 16 目（即 16 孔 /in）。钻井液杯、漏斗及筛网的示意图如图 2–7 ~ 图 2–9 所示。

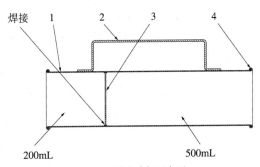

图 2–7　钻井液杯示意图

1—量筒体；2—手杯；3—量筒隔板；4—钢丝环

2. 使用方法

（1）测量前首先检查漏斗、导流口以及钻井液杯是否完好，导流口内有无脏物堵塞。

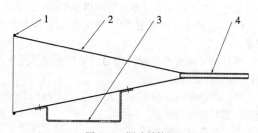

图 2-8　漏斗结构图

1—导流管；2—漏斗手柄；3—锥漏斗体；4—钢丝环

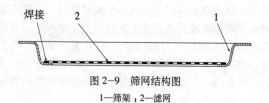

图 2-9　筛网结构图

1—筛架；2—滤网

（2）用钻井液杯的上端（500mL）与下端（200mL）准确量取 700mL 钻井液，用左手食指堵住漏斗口，使钻井液通过筛网后流入漏斗中。

（3）将钻井液杯 500mL 的一端置于漏斗口的下方，右手按动秒表的同时，松开左手食指待流出 500mL 时，立即关闭秒表，同时左手食指迅速堵住管口，记下所消耗的时间。所记录的时间即为漏斗黏度，其单位为 s。

（4）测量完成后，将杯中的钻井液倒回钻井液循环系统，清洗漏斗和钻井液杯。

3. 校正范氏漏斗黏密度计

范氏漏斗黏度计常用纯水进行校正。其方法是：将漏斗挂在支架上，以左手食指堵住管口，注入700mL（钻井液杯两端容积之和恰700mL）水，开秒表同时松开左手食指，待流出500mL（即钻井液杯500mL的一端流满）时，立即停秒表，同时左手食指迅速堵住管口，记下所消耗的时间（s）。在常温下，水的漏斗黏度为（15 ± 0.2）s。

4. 注意事项

（1）测量钻井液前黏度计需用清水校正。

（2）钻井液需充分搅拌均匀（井口测量可免于此项），保证数据的准确性。

（3）钻井液应严格按规定注入700mL，多或少都会造成测量结果不准确。

（4）测完后将仪器清洗干净，确保导流管口无异物、无堵塞。

第三节　六速旋转黏度计的结构和使用方法

一、结构

六速旋转黏度计常用来测量钻井液流变参数，它由五部分组成，即电动机、恒速装置、变速装置、测量装置和支架。恒速装置和变速装置合称旋转部分。在旋转部件上固定一个外筒——旋转筒；测量装置由测量弹簧部件、刻度盘和内筒组成，内筒通过测量弹簧固定在机体上，扭簧上附有指针（或刻度盘）。其结构图较复杂，在此仅给出现场用的实物图（图2-10）。

图 2-10 六速旋转黏度计

二、使用方法

1. 使用仪器前的基本检查

(1) 取出仪器，检查各转动部件、电器及电源插头是否安全可靠。

(2) 向左旋转外转筒，取下外转筒。将内筒逆时针方向旋转并向上推与内筒轴锥端配合。动作要轻柔，以免仪器的内筒轴变形和损伤。向右旋转外转筒，装上外转筒（图 2-11）。

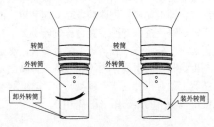

图 2-11 卸外转筒和装外转筒

（3）接通电源220V、50Hz。

（4）按动三位开关，调置高速或低速挡。

（5）仪器转动时，轻轻拉动变速拉杆的红色手柄，根据标示变换所需要的转速。

（6）将仪器以300r/min和600r/min转速转动，观察外转筒不得有摆动，如有摆动应停机重新安装外转筒。

（7）以300r/min转速转动，检查刻度盘指针零位是否摆动，如指针不在零位，应向钻井液技师或钻井液工程师报告，请专业人员进行校验。

2. 测量流变参数方法

（1）将刚搅拌过的钻井液倒入样品杯内至刻线处（350mL），立即置于托盘上，对正三个点角位置升起托盘，使外筒上的刻度线与钻井液液面相平，旋紧托盘手柄（图2-12）。

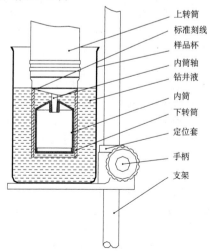

图2-12　流变参数测量示意图

(2) 把变速杆置于最低位置，把电源开关拨到开的位置，再将电动机启动开关拨到高速挡，待刻度盘的读数稳定后，读取刻度盘数值的 ϕ_{600} 的读数，然后将启动开关拨到低速挡，待刻度盘的读数稳定后，读取刻度盘数值为 ϕ_{300} 的读数。

(3) 把变速拉杆上提到最高位置，旋转启动开关到高速挡，待刻度盘的读数稳定后，读取刻度盘数值为 ϕ_{200} 的读数，转换启动开关拨到低速挡，待刻度盘的读数稳定后，读取刻度盘数值为 ϕ_{100} 的读数。

(4) 把变速拉杆置于中间位置，启动开关拨到高速挡，待刻度盘的读数稳定后，读取刻度盘数值为 ϕ_6 的读数，转换启动开关至低速挡，待刻度盘的读数稳定后，读取刻度盘数值为 ϕ_3 的读数。

(5) 将变速拉杆放于最低位置，启动开关拨到高速挡，搅拌 1min 后停止，静止 10s 后变速拉杆提到中间位置，启动开关拨到低速挡，读取刻度盘最大数值为 ϕ_3 的读数（计算初切力时用）。搅拌 1min 后停止，静止 10min，再用同样的方法测量，读取刻度盘最大数值为 ϕ_3 的读数（计算终切力时用）。

(6) 测试完后，关闭电源，松开托板手轮，移开样品杯，将钻井液倒入循环系统，并清洗样口杯。

(7) 轻轻左旋卸下外转筒，并将内筒逆时针方向旋转垂直向下用力，取下内筒。

(8) 清洗外转筒，并擦干，将外转筒安装在仪器上，清洗内筒时应用手指堵住锥孔，以免脏物和液体进入腔内，内筒单独放置在箱内固定位置。

(9) 数据处理。

①表观黏度：$AV = 1/2 \phi_{600} (\text{mPa} \cdot \text{s})$

②塑性黏度：$PV = \phi_{600} - \phi_{300} (\text{mPa} \cdot \text{s})$

③动切力：$YP = 0.511 (\phi_{300} - PV) (\text{Pa})$

④流型指数：$n = 3.322 \lg \phi_{600} / \phi_{300}$

⑤稠度系数：$K = 0.511 \times \phi_{600} / 1022^n \ (\text{Pa} \cdot \text{s}^n)$

⑥初切力：$G_1 = 0.511 \phi_3 (\text{Pa})$（$\phi_3$ 10s 读数）

⑦终切力：$G_2 = 0.511 \phi_3 (\text{Pa})$（$\phi_3$ 10min 读数）

三、校正黏度计

由于六速旋转黏度计结构较复杂，校正方法及步骤要求高，故当需要对仪器进行校正时，需请专业人员进行。

四、注意事项

（1）观看读数时，眼睛尽可能与刻度盘垂直，严防斜视，以免数值不准。

（2）测试完后必须清洁仪器与样品接触的部件，如外转筒、内筒和样品杯等。必须将外转筒安装在仪器上，以保护内筒轴。

（3）内筒为空心式结构，每次测试后应及时清洗擦干，清洗时应用手指堵住锥孔，以免脏物和液体进入腔内。内筒锥孔面不得划伤、碰撞。

（4）每次安装内筒时，应动作轻柔，安装时，手拿内筒逆时针旋转向上用力，卸下内筒时应逆时针旋转向下用力，以免内筒轴弯曲变形。

（5）当移动、维修或清洁仪器时，要轻拿、轻放，以免造成部件变形影响精度和使用。

第四节　滤失量测定仪的构造和使用

一、API 滤失量测定仪

1. 结构

API 滤失量测定仪是最常用的低压低温条件下评价钻井液滤失量的仪器，也称作气压滤失仪。其渗滤压差为 6.89MPa，温度为室温，经过 30min 透过渗滤面积为 45.8cm² 的标准滤失量的一种仪器。此仪器构造主要由打气筒组件、减压阀、压力表、放空阀、钻井液杯、挂架和量筒等组成。其详细结构图如图 2–13 所示。

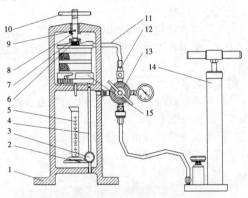

图2–13　API滤失量测定仪结构图

1—架子；2—量筒座；3—星形手把；4—支撑杆；5—量筒；

6—半球体；7—连接帽；8—压紧螺杆；9—固定套；10—手柄；

11—短低压胶管；12—放气阀杆；13—减压阀组件；

14—打气筒组件；15—钻井液杯组件

钻井液现场常用 API 滤失量测定仪如图 2–14 所示。

2. 使用方法

(1) API 气压滤失仪的使用方法。

① 先将滤失仪从仪器箱内取出，把气源总成悬挂在钻井液箱沿上，然后将减压阀手柄退出，使减压阀处于关闭状态，应无输出，并且关闭放空阀。

② 接好气瓶管线（或用 CO_2 气弹），并使其与气源总成接通，顺时针旋转减压阀手柄，使压力表指示的压力低于 7 kgf/cm² (5~6 kgf/cm²)。

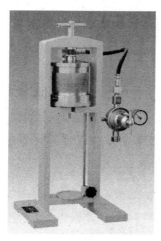

图2-14　API滤失量测定仪

③ 将钻井液杯口向上放置，用食指堵住钻井液杯上的小气孔，并倒入钻井液，使液面与杯内环形刻度线相平（低于密封圈 2~3mm），然后将 O 形橡胶垫圈放在钻井液杯内台阶处，铺平滤纸，顺时针方向拧紧底盖卡牢。然后将钻井液杯倒转，使气孔向上，滤液引流嘴向下，逆时针方向转动钻井液杯体 90°装入三通接头，并且卡好挂架及量筒。

④ 迅速将放空阀退回三圈，微调减压手柄，使压力表指示刚好为 7kgf/cm²，并同时按动秒表记录测定时间。

⑤ 在测定过程中应将压力保持为 7kgf/cm²。如有降低，应调节减压阀手柄，使其保持恒定。

⑥ 30min 后试验结束，切断压力源。如用气弹，则可将减压阀关闭，由放气阀将杯内压力放掉，再按任意方向转动 1/4 圈，取下钻井液杯。滤纸上的滤饼

用毫米钢板尺测量。

（2）测量结果的处理。

① 测量 30min，量筒中所接收的滤液体积即是所测标准滤失量。为了缩短测量时间，一般测量 7.5min，其滤失体积乘以 2，即是所测滤失。其原理与油压滤失仪原理一样。

② 测量 30min，所得滤饼厚度即是该钻井液的滤饼厚度。若测 7.5min，则所得滤饼厚度乘以 2 即是该钻井液的滤饼厚度。

3. 使用注意事项

（1）若使用气弹，那么每枚气弹在气弹杯内旋紧使用后，不要再打开取出，直至使用到其压力不足 $7kgf/cm^2$ 时再进行更换。

（2）气源可使用氮气瓶、二氧化碳气瓶或空气压缩机，并应使用特殊接头与进气管线连接，切勿使用氧气瓶或氢气瓶，以免发生危险。

（3）在悬挂体内，放气阀上及气源接头的凹槽中皆有 O 形橡胶垫圈，其尺寸要选用合适，并且要经常检查，如有损坏应及时更换。

（4）调节阀负荷压力为 $15kgf/cm^2$，压力表为 $10kgf/cm^2$，使用时要避免因超负荷工作而造成损坏。

（5）二氧化碳气弹压力为 $50\sim60kgf/cm^2$，应在 45℃ 以下的环境中存放，并且远离热源，以防受热爆炸而造成事故。

（6）实验完毕，应将接触钻井液的部件洗净擦干，以防生锈。

二、高温高压滤失量测量仪

1. 结构

高温高压滤失量测量仪是用来进行钻井液在高温高压条件下的滤失量评价，工作温度为常温至 150℃，测量压差为 3.5MPa，测量 30min 透过渗滤面积为 22.6cm² 的滤失量。此仪器主要由主机、放气阀组件、接收器组件、带恒温器的加热套、钻井液杯、三通组件、温度计及调温旋钮、加压部分，输气胶管、调压手柄和管汇等组成（图 2-15）。

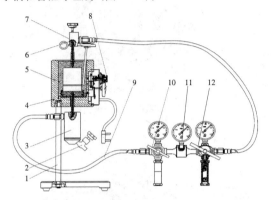

图2-15　高温高压滤失量测定仪结构图

1—主机；2—放气阀组件；3—接收器组件；4—带恒温器的加热套；
5—钻井液杯；6—三通组件；7—温度计及调温旋钮；8—加压部分；
9—输气胶管；10—调压手柄；11—管汇；12—调后手柄

现场使用的高温高压滤失量测定仪如图 2-16 所示。

2. 使用方法

实验前的准备：按图 2-17 所示将管汇组件安装于气瓶上由 G5/8 螺帽紧固。在确定调压手柄处于自由状态未加压时，打开气源，此时管汇中间压力表应显示压力不小于 6MPa。将两高压胶管分别与管汇和三通组件对应部位连接牢固。

（1）取出主机，检查各部件、管件及电源部件是否可靠。

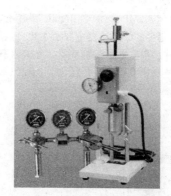

图2-16　高温高压滤失量测量仪

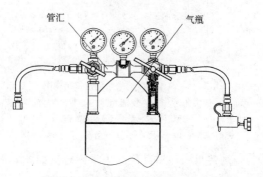

图2-17　高温高压滤失量测量仪操作示意图

　　(2) 接通 220V 电源，旋转温控旋钮使其处于工作温度将加热套预热（一般应高于工作温度 6~8℃）。此时电源指示灯灭。将温度表插入表孔内。调节温控旋钮，使加热套温度保持在所需温度。

　　(3) 打开钻井液杯盖上紧定螺钉，将连通阀杆旋在杯盖上，取下杯盖。同时将另一支连通阀杆旋入杯底并拧紧。

　　(4) 从井口出口管线处取来钻井液或在搅拌条件下把钻井液预热到 45~50℃。

　　(5) 将钻井液测试样注入钻井液杯，为防止钻井液高温体积膨胀发生意外，注入钻井液至距离"O"形槽约 13mm (0.5in) 处即可。

　　(6) 将一圆形滤纸放在沟槽中，并在滤纸顶部放"O"形垫圈，将钻井液压板总成放在滤纸上，把安全锁紧凸耳对准卡住，然后均匀地用手拧紧所有带帽螺钉。

　　(7) 关闭所有阀门，将装有钻井液的钻井液杯倒置放入加热套中，把温度计插入温度计小孔中。慢慢旋转钻井液杯，使其置于定位销上。

　　(8) 将气源管线接头与加压装置连接，提起锁紧环，将加压装置套入滑动接头顶部，再把锁紧环放下去，此时加压装置便可使用。

　　(9) 把回压接收器总成套入有槽的锁紧环，插入固定销，将气源管汇输气胶管接口与回压接头连接紧固，打开气源总阀，顺时针方向旋转管汇调压手柄 10 和调压手柄 12 至 0.7MPa。

　　(10) 逆时针旋松上连通阀杆 90° 左右 (预防钻井液加热沸腾)。待杯内输入气体后，旋紧上连通阀杆。

　　(11) 当温度升至工作温度时，调整调压手柄 12，使压力升至 4.2MPa，逆时针旋松上连通阀杆 90° 左右，同时，打开底部连通阀杆开始记录测定时间、测量滤失量。

　　(12) 滤失 30min 后，关闭钻井液杯底部阀门，再关闭钻井液顶部阀门，然后松开两个调节器的 T 形螺钉，放掉两个调节器的压力。

　　(13) 卸下接收器，把滤液倒进量筒，读取体积数，其体积乘以 2 即为滤失量。(因为该仪器过滤面积是标准过滤面积的一半，所以要乘以2)。

（14）上提锁紧环，卸开并取下加压装置，要特别注意，此时钻井液杯内仍有压力。

（15）保持钻井液杯直立的状态，并将其冷却至室温，然后放掉钻井液杯内的压力。

（16）把钻井液杯倒置，松开杯上所有螺钉（必要时可用六角螺钉扳手拧开），卸开装置。测定完毕后，彻底清洗所有部件并擦干，以便下次测定时再用。

3. 使用注意事项

（1）调压时，要逐渐加压，以防止损坏压力表，不得敲击压力表。

（2）仪器使用完毕要将钻井液杯、钻井液杯盖、紧固螺钉、连通阀杆等零部件烘干并涂上润滑油或润滑脂，以备下次再用。

（3）实验过程中要随时观察指示滤液接收器内压力的压力表，若压力超过0.7MPa时，应小心地从回压接收器三通阀中放出部分滤液以便降低压力。

第五节　钻井液含砂量测定仪的结构和使用方法

一、结构

钻井液含砂量测定仪是一种简单、可靠、有效和准确测量钻井液含砂量的仪器装置，它包括过滤筒、漏斗、玻璃量筒三个部件。过滤筒中间装有（200目）不锈钢网，孔径为0.074mm。玻璃量筒为标有应加试样体积（30mL）刻度线的玻璃测量筒，具体结构见图2-18。

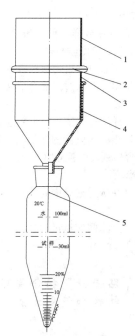

图2-18　钻井液含砂量测定仪结构图

1—下过滤筒；2—滤网；3—上过滤筒；4—塑料漏斗；5—玻璃量筒

现场使用的含砂量测定仪如图 2-19 所示。

图2-19　含砂量测定仪

二、使用方法

(1) 将待测钻井液样品倒入玻璃刻度瓶至刻度 50mL 处，然后注入清水至刻线。

(2) 用手堵住瓶口并用力振荡，然后倒入过滤筒过筛，筛完后将漏斗套在过滤筒上反转，漏斗嘴插入刻度瓶。

(3) 用清水冲洗过滤筒，将不能通过筛网的砂粒进入刻度瓶，读出砂粒沉淀的体积刻度数再乘以 2 即为该钻井液的含砂量，以百分数表示。

三、注意事项

(1) 用清水冲洗过滤筒中的钻井液时，水要从四周缓缓冲洗。

(2) 严禁对过滤网使用过大外力，以免使其破损变形，影响精度和使用。

第六节 钻井液固相含量测定仪的结构和使用方法

一、结构

钻井液固相含量测定仪是用来快速测定钻井液中油、水及固相含量的一种仪器，它主要由加热棒、蒸馏器和量筒等部分组成。具体结构如图 2-20 所示。

现场常用的钻井液固相含量测定仪如图 2-21 所示。

二、使用方法

(1) 取一份钻井液样品，并使之冷却到约 26 ℃ (80 ℉)。将钻井液过马氏漏斗上的 12 目筛网清除堵漏材料及钻屑。

(2) 如果样品明显有气泡，则在样品中加入 2 ~ 3 滴消泡剂并缓慢搅拌 2 ~ 3min 以清除这些气体。

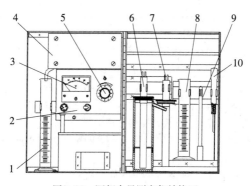

图2-20 固相含量测定仪结构图

1—量筒；2—电源及控制组件；3—电压表；4—冷凝体组件；
5—调压旋钮；6—蒸馏器组件；7—加热棒组件；8—量筒；
9—杯架；10—刮刀

图2-21 钻井液固相含量测定仪

（3）拆开蒸馏器组件，放平钻井液杯，将除掉气体后的水基钻井液样品倒入蒸馏器样品杯中。小心盖上样品杯盖子，并使过量的样品从盖子小孔中溢出，盖紧盖子，擦掉样品杯和盖子外的溢出样品。轻轻取下杯盖将黏在杯盖面上的样品刮回样品杯中，以确保样品杯内的样品体积是正确的。

（4）将加热棒和样品杯螺纹密封处涂一层高温润滑脂，拧紧上套筒，最后将加热棒拧紧在蒸馏器上。将蒸馏器引流管插入冷凝器组件的孔中，并将洁净、干燥的量筒放置在冷凝器导流管下面，插上电源线，接通电源，根据需要调整电压表的电压值，控制加热功率。

（5）加热蒸馏器并观察从冷凝器滴下的液体，直至收集不到任何冷凝水后，继续加热 10min，切断电源。

（6）拆下电源线，用专用工具杯架套住蒸馏器，用力取下蒸馏器，冷至室温。读取并记录量筒内的水和油体积百分数。

（7）卸开蒸馏器，用刮刀刮净钻井液杯内壁及加热棒上的固相成分，将钻井液杯、量筒等清洗干净，备下次使用。

（8）测量结果的处理。

① 根据油水分层的特点，量筒下部是水，上部是油。水液面的量筒读数除以 100 为水占钻井液的体积分数（$\mathscr{C}_\text{水}$），油液面的量筒读数除以 100 后减去水的体积分数即量油占钻井液的体积分数（$\mathscr{C}_\text{油}$）。钻井液中固相含量（$\mathscr{C}_\text{固}$）可按下式计算：

$$\mathscr{C}_\text{固} = 1 - \mathscr{C}_\text{油} - \mathscr{C}_\text{水}$$

式中　$\mathscr{C}_\text{固}$——钻井液中的固相含量，无量纲；

　　　$\mathscr{C}_\text{油}$——钻井液中油相的体积分数，无量纲；

　　　$\mathscr{C}_\text{水}$——钻井液中水相的体积分数，无量纲。

② 根据测出的钻井液中油、水和固相的体积分数

$\mathbb{C}_油$、$\mathbb{C}_水$、$\mathbb{C}_固$，可按下式推算出钻井液中固相的平均密度（$\rho_固$）：

$$\rho_固 = \rho_液 - (\mathbb{C}_水 \rho_水 + \mathbb{C}_油 \rho_油)/\mathbb{C}_固$$

式中　$\rho_液$——钻井液密度，g/cm^3；

　　　$\rho_水$——钻井液中水的密度，g/cm^3；

　　　$\rho_油$——钻井液中油的密度，一般为 $0.8g/cm^3$；

　　　$\rho_固$——钻井液中固相的平均密度，g/cm^3。

三、注意事项

（1）打开蒸馏器之前必须将蒸馏器冷至室温。

（2）加热棒不可摔碰，轻拿轻放，以防损坏加热棒。

（3）加热时通电时间不宜过长，一般蒸馏 40min。

（4）样品杯和套筒之间的密封面不要损伤以免影响密封。

第七节　测量钻井液滤饼黏附系数仪器结构和使用方法

一、结构

该仪器是一种模拟性的试验分析仪器，主要用于监测深井中钻具与井壁钻井液间的摩擦系数，以便及时处理钻井液，改善其润滑性能，防止卡钻事故的发生，为确保快速、安全钻井提供准确可靠数据，具有结构紧凑、测试精度高、操作方便等特点。它主要由管汇部件、气压筒组件、支架部件、钻井液杯部件、三通组件、钩头扳手、U 形扳手、扭距仪等组成。其具体结构如图 2-22 所示。

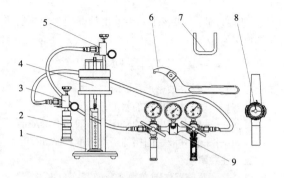

图2-22 扭矩式滤饼黏附系数测定仪

1—支架；2—气压筒组件；3—三通组件；4—钻井液杯组件；5—三通组件；6—勾头扳手；7—U形扳手；8—扭矩仪；9—管汇部件

现场用实物图见图2-23。

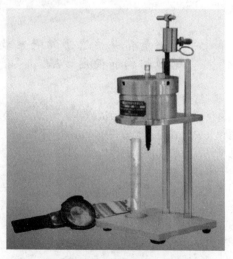

图2-23 扭矩式滤饼黏附系数测定仪实物图

二、使用方法

（1）实验前的准备：检查气源、管汇、胶管、压力表工作是否安全可靠。按图 2–24 所示将管汇组件安装于气瓶上由 G5/8 螺帽紧固。在确定调压手柄处于自由状态时，打开气源，此时管汇中间压力表应显示压力不低于 5MPa。将两高压胶管分别于管汇和三通组件对应部位连接牢固。

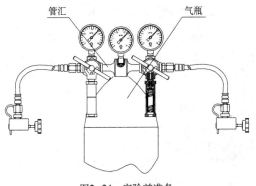

图2–24　实验前准备

（2）打开钻井液杯盖及滤网座检查滤网有无异物、伤痕及不平整地方等，钻井液杯内必须清洁不能有剩余钻井液及其他污物。检查黏附盘表面要求光滑无油污，使用前必须用清水冲洗净，然后小心擦干，不能用有油性和粗糙物品擦洗黏附盘表面。然后将黏附盘安装在钻井液杯盖上。

（3）在钻井液滤网上，按顺序放好滤纸、橡胶圈和尼龙圈，用 U 形扳手将滤网压圈压在尼龙圈上旋紧，将下连通阀杆旋入钻井液杯底部螺孔内拧紧（图2–25）。使钻井液杯底部四孔对准支架四个销钉，将杯放在支架的杯座上。

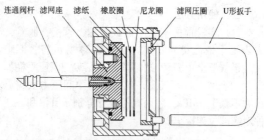

连通阀杆　滤网座　滤纸　橡胶圈　尼龙圈　滤网压圈　U形扳手

图2-25　钻井液杯安装示意图

（4）取搅拌好的钻井液样品倒入钻井液杯至刻线处。安装杯盖并用加压杆和勾头扳手旋紧。在钻井液杯盖上安装上连通阀杆，输气胶管及三通组件装于上连通阀杆，插入销子将其固定，并关闭上连通阀杆和三通组件放气阀。

（5）调节管汇部件中的调压手柄，使输出压力为3.5MPa，打开上连通阀杆，逆时针转动1/4圈，使钻井液杯内压力为3.5MPa。将25mL量筒置于下连通阀杆下方，然后逆时针打开下连通阀杆1/4圈开始计时。

（6）待过滤30min后，将气压筒装入钻井液盖凹槽内并转60°左右，旋转卡紧，再把气源三通组件按图2-26所示插入气筒上并插上固定销，关闭放气阀杆。

（7）旋转管汇部件中的调压手柄调压至所需压力，在气压的作用下气压筒活塞将黏附盘压下，与滤饼粘实保持一段时间。松开管汇调压手柄，旋转放气阀杆，将气压筒内的余气放出，取下气压筒。

（8）黏附盘与滤饼粘实后，关闭气源总阀，待粘实5min或更长时间后，首先将扭矩仪指针调至零位，使扭矩仪与黏附盘连接，在加压杆卡与支架之间，握紧扭矩仪，慢慢用力，测量黏附盘与滤饼开始滑动时产生的最大扭矩值。一般情况下，每5min用扭矩仪

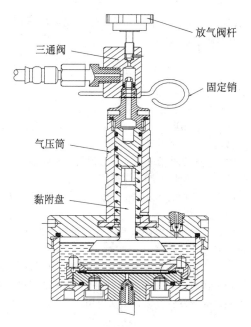

图2-26　气压筒和气源三通组件安装示意图

重复测量，直至扭矩值达到最大时为止。记录扭矩值，测试完毕。

（9）将上、下连通阀杆关闭，打开放气阀杆放掉气源管汇内余气，并使管汇调压手柄为自由状态。卸下气源管汇及三通组件。旋松上连通阀杆，排出钻井液杯内余气，用勾头扳手和 U 形扳手分别卸下杯盖、滤网压圈，取出滤饼。

（10）清洗钻井液杯、滤网压圈等部件，并擦干，杯体螺纹处涂以少量润滑油。仔细清洗黏附盘，并用无油污的洁净软布擦干。保护好黏附盘端面。

(11) 计算黏附系数：用扭矩仪测出的扭矩值 M 确定其黏附系数 f。

$$f = M \times 0.845 \times 10^{-2}$$

式中　f——黏附系数；

　　　M——黏附值。

三、注意事项

(1) 严禁使用氧气。

(2) 打开钻井液杯盖之前必须放掉杯内余气。

(3) 仪器使用完毕一定要将调压手柄松开。

(4) 调压时，要逐渐加压，以防止损坏压力表，不得敲击压力表。

(5) 仪器所用黏附盘为主要测量部件，使用时要注意不要能弄伤表面。

(6) 仪器使用完毕要将钻井液杯、杯盖、紧固螺钉、连通阀杆、黏附盘等零部件烘干并涂上润滑油或润滑脂，妥善保管。以备下次再用。

第三章 钻井液基本性能要求 与调控方法

第一节 钻井液密度

一、钻井液密度的基本要求

对钻井液密度的基本要求是"压而不死，活而不喷"。即选择密度时既不能把油层压死，也不能发生井喷。

二、提高密度

无论是钻进高压盐水层或高压油气层，都要适当增大钻井液密度，也就是在钻井液中加入一定数量的加重剂。方法是根据地层压力计算出所需密度，再根据密度计算出所需加重剂的用量，将这些加重剂在混合漏斗处整周加入，当加量太大时，可在两周内加入。目前普遍使用的加重剂是重晶石（$BaSO_4$）；若在碳酸盐岩裂缝性油气层钻进，为了完井后有利于酸化解堵，且钻井液密度要求又不太高时，可用石灰粉（$CaCO_3$）加重——可提高的最高密度为 $1.50g/cm^3$。

钻井液加重后由于固相含量增加，钻井液黏度、切力上升，滤饼增厚。因此，在重钻井液使用时应注意以下问题：

（1）加重前要调整好原浆性能。原浆要有一定切力以防止加重剂下沉，但黏度要低，密度要适当。当加重后的钻井液密度要求较高时，原浆密度宜调整低一些，宜用造浆性能差的土配浆，否则，加重后的钻井液黏度不易控制。此外，还可考虑使用重铬酸钾做

· 37 ·

黏土分散的抑制剂，以利于保持重钻井液具有较低的黏度。实践表明，重铬酸钾的使用效果较好。

（2）注意防卡。除了经常活动钻具不使钻具在井内静止外，还可在钻井液中加入原油、石墨粉或表面活性物质以降低滤饼的摩擦系数，增加钻井液的润滑性能。

（3）做好净化工作。凡加重钻井液，必须通过振动筛、除泥器、除砂器。要勤捞砂，避免岩屑中的黏土成分高度分散于钻井液中，造成黏度、切力难以调整。

三、降低密度

为了实现平衡压力钻井或欠平衡压力钻井，有时需要在维护失水量和黏度大体不变的情况下把密度降下来。这是在钻进低压油气层时常常碰到的问题，有时处理井漏也需降低密度。

常用的降低钻井液密度的方法有如下几种。

（1）加清水。受失水量的限制，只有在失水量允许的前提下才可加适量的水。

（2）加浓度小的处理剂胶液。如稀的煤碱液、单宁碱液、聚丙烯酰胺（PHP）溶液、Na–CMC溶液等。

（3）加密度低的性能合乎要求的新浆，或混入原油、废机油等。

（4）使用化学絮凝剂使钻井液中黏土颗粒聚沉或采用旋流除砂器除砂。

第二节 钻井液黏度

一、钻井液黏度的概念

钻井现场常用的钻井液黏度有三种，分别是漏斗黏度、塑性黏度和表观黏度（也称为有效黏度、视黏度）。

1. 漏斗黏度

漏斗黏度是现场需要经常测量的重要参数，可以直观反映钻井液黏度的大小，它只能用来判断在钻井作业期间各个阶段黏度变化的趋势，它并不能说明钻井液黏度变化的原因，需要和其他参数一起，共同表征钻井液的流变性能。

2. 塑性黏度

塑性黏度的概念是：钻井液在层流时，钻井液中的固体颗粒之间、固体颗粒与液体分子之间、液体分子与液体分子之间内摩擦力的总和。符号 $\eta_塑$，常用单位 mPa·s。

塑性黏度实际上是流动阻力的反映。当剪切应力克服了钻井液结构力的影响时，液体内部的机械摩擦所造成的那部分流动阻力就是上述的内摩擦力总和。故 $\eta_塑$ 受钻井液中固相含量、固相粒度分布、固相表面润滑性及钻井液中液相黏度等因素影响。固相含量高、颗粒分散或研磨较细等都会使 $\eta_塑$ 增加。塑性黏度受化学稀释剂或分散剂影响不大。

3. 表观黏度

表观黏度又称为有效黏度，是在某一剪切速率下剪切应力与剪切速率的比值。对于钻井液来说，它既包括流体内部由于内摩擦作用所引起的黏度，又包括黏土颗粒之间及高分子聚合物之间由于形成空间网架结构所引起的黏度。

二、钻井液黏度的基本要求

大量实践证明，在钻进过程中，黏度升高，钻速降低。黏度大，流动阻力就大，功率消耗就大，泵功率一定的情况下，排量就降低。另外，高黏度的钻井液在井底岩石表面形成一个黏性垫子，它缓和了钻头牙齿对井底岩石的冲击切削作用。但黏度高有利于钻井液携带岩屑，保持井底清洁。所以，钻井液黏度既不能太高，也不能太低，应根据钻井速度、设备功率及所钻地层的特点确定合适的钻井液黏度。

三、提高黏度

（1）提高固相含量。这是因为固体颗粒的增加减少了液体流动空间，固体颗粒本身的水化增加了固相吸附水，减少了自由流动的自由水，且固体颗粒与固体颗粒之间、固体颗粒与液体分子之间的摩擦力都大于液体与液体之间的摩擦力。

（2）固体颗粒间形成局部网状结构。因片状结构的黏土颗粒各部分的带电性不同，故水化程度也不同。因此在黏土颗粒水化差的地方，电性弱的部分易相互吸引而连接，于是黏土在钻井液中形成空间网架结构而包住了自由水，这相当于增加了固相含量，减少了自由水；另外，钻井液流动需破坏部分网状结构，即流动阻力增加，黏度升高。

（3）加入水溶性高分子化合物。钻井液中加入高分子化合物后，由于它们是长链高分子，增加了滤液黏度，并促使黏土颗粒形成网状结构；大分子本身的水化又使部分自由水变为束缚水，使黏度升高。如使用 Na-CMC、水解聚丙烯酰胺提黏。

（4）提高固相分散度。固相分散度越高，钻井液中固体颗粒数增加，粒间距变小，越易碰撞接触形成网状结构，使摩擦力变大，黏度升高。

四、降低黏度

钻进泥质含量高的地层、配加重钻井液以及钻井液受可溶性盐类侵污等都会使钻井液黏度、切力上升，导致钻井液流动性差，易发生泥包钻头，影响钻速，影响井下安全，这时就需要降低黏度。

采用什么方法降低黏度需要具体分析。若是钻进泥岩地层，由于钻井液中黏土颗粒多，分散又很细，可用粗分散钻井液（如钙处理、盐水钻井液）处理，也可加新浆或加水稀释（在失水量允许的前提下）。若是钻井液受侵污，则可采用处理受侵的方法处理钻井液。若是超深井温度高导致黏度上升，则应加高温稀释剂（如 FCLS、SMT）等。若是由钻井液相对密度较大而引起，则可加单宁或栲胶碱液，拆散和削弱钻井液中的网状结构。若是由钻井液固相含量太高所致，则可加部分絮凝剂（如 PAM）清除掉一部分固相。若是油基、油包水乳化钻井液，则可加入柴油等降低其黏度。上述降低黏度的方法中，加单宁酸钠、栲胶碱液、FCLS、SMT 等稀释剂是降低结构黏度，钙处理、加清水、混新钻井液等是既降低结构黏度又降低塑性黏度。

第三节　钻井液切力

一、钻井液切力的概念

钻井液切力分为动切力和静切力两种：动切力反映的是钻井液在层流流动时，黏土颗粒之间及高分子聚合物之间相互作用力的大小，即钻井液在流动状态时形成空间网架结构能力的强弱。钻井液静切力反映的是钻井液在静止状态下形成的空间网架结构的强度。现场常用初切力和终切力来表示静切应力。

二、钻井对钻井液切力的基本要求

钻井液具有切力，有利于携带和悬浮岩屑、重晶石等，不会因停泵而发生沉砂卡钻，也不至于因重晶石沉淀而难以加重。若切力过大，则清除砂粒、钻屑困难，密度上升快，含砂量高，磨损设备，降低钻速；流动阻力大，开泵困难，易憋泵或憋漏地层，转动扭矩大、浪费动力、滤饼质量差、滤失大，易引起缩径、井漏、卡钻事故。若切力太小，则携带和悬浮岩屑能力降低，停泵易造成沉砂，下钻不到底甚至沉砂卡钻。

所以，钻井液切力太大或太小都对钻井不利，必须根据实际情况选择适当的切力。

三、钻井液切力的调整

1. 提高钻井液切力的方法

(1) 提高钻井液中固体颗粒含量。

(2) 提高黏土颗粒分散度。

(3) 加入适当电解质（如 $NaCl$、$CaCl_2$、石灰等）。

(4) 加入水溶性高分子化合物。

2. 降低钻井液切力的方法

(1) 加水或低浓度处理剂溶液，增大颗粒间距离，降低黏土含量。

(2) 加稀释剂。

第四节　钻井液的滤失性能

一、滤失的基本概念

在压差的作用下，钻井液中的自由水向井壁岩石的裂隙或孔隙中渗透，称为钻井液的滤失作用。常用滤失量或失水量表示滤失性的强弱。在钻井过程中滤失有三种形式，分别是静滤失、动滤失和瞬时滤失，与此相对应的三种滤失量分别称为静滤失量、动滤失量和瞬时滤失量。

(1) 钻井液在井内静止条件下的滤失作用称为静滤失。

(2) 钻井液在井内循环条件下，即滤饼形成和破坏达到动态平衡时的滤失作用称为动滤失。在一定剪切速率下测定的滤失量，称为动滤失量（动失水量）。

（3）在钻井过程中，地层被钻开，滤饼在形成之前，钻井液中的大量水分在短时间内迅速渗入地层，这种情况下的滤失作用称为瞬时滤失。

在滤失过程中，随着钻井液中的自由水进入岩层，钻井液中的固相颗粒便附着在井壁上形成泥饼，泥饼形成后，渗透性减小，阻止或减缓钻井液继续侵入地层，起到稳定井壁的作用。

二、钻井工艺对滤失量和滤饼质量的要求

钻井过程中，为了维持井眼的稳定，减少钻井液固相、液相侵入地层，保护油层，要求在短时间内在井壁上形成薄而韧的泥饼。如果钻井液滤失性控制不当，会引起一系列问题。

（1）对于储层（特别是低渗透和黏土含量高的储层）来说，滤失量过大会引起油气层的渗透率下降，降低产能。

（2）对于常规泥页岩地层，过大的滤失量会使滤饼过厚，环空间隙变小，泵压升高；易引起泥包钻头，下钻遇阻、遇卡或堵死水眼。

（3）在高渗透地层易造成较厚的滤饼而引起阻卡，甚至发生压差卡钻。

（4）电测不顺利，并且由于钻井液滤液进入地层较深，水侵半径增大，若超过测井仪所测范围，其结果是电测解释不准确而易漏掉油气层。

总之，钻井液的滤失控制是钻井液工艺中的一个十分重要的问题，这里首要的任务是控制泥饼的厚度，而泥饼的厚度随滤失量的增加而增加，故应控制钻井液的滤失量。

三、钻井液滤失量的确定原则

虽然滤失量过大会引起许多问题，但滤失量也不

是越小越好，在一般地层中也不需要过小的滤失量。一方面瞬时滤失量大可增加钻井液速度，有利于钻头破碎岩石，提高机械效率，延长钻头使用寿命；另一方面，过分降低滤失量会造成处理剂大量消耗，增加成本。

确定钻井液滤失量时应注意以下几点：

(1) 井浅时可放宽，井深时要从严。

(2) 裸眼时间短时可放宽，裸眼时间长时要从严。

(3) 使用不分散处理剂时可放宽，使用分散处理剂时要从严。

(4) 矿化度高者可放宽，矿化度低者要从严。

(5) 在油气层中钻进，滤失量愈低愈有利于减少伤害，尤其是在高温高压时，滤失量应在 10~15mL（《钻井液管理条例》规定一般地层为 20mL）。

(6) 在易塌地层钻进，滤失量需要严格控制，API滤失量小于 5mL。

(7) 一般地层 API 滤失量小于 10mL，高温高压滤失量小于 20mL，也可根据具体情况适当放宽。

(8) 加强对钻井液滤失性能的监测。正常钻进时，每 4h 测一次常规滤失量。对定向井、丛式井、水平井、深井和复杂井要增测高温高压滤失量和滤饼的润滑性，对其要求也相应高一些。

总之，要根据钻井实际情况，以井下情况正常为原则，正确制定并及时调整钻井液滤失量，既要快速节省，又要保证井下安全，不伤害油气层。

四、钻井液滤失量的调控方法

在钻井液工艺中，控制和调整钻井液滤失性能的关键在于改善泥饼的质量，主要是根据所用的钻井液类型、组成及所钻地层的情况，选用合适的降滤失剂和封堵剂。常见的调控方法如下：

（1）维持钻井液中适度的膨润土含量，充分利用固控设备进行钻井液固相控制，清除岩屑和劣质黏土等有害固相，使膨润土含量保持在一定范围内。

（2）加入适量纯碱、烧碱或有机分散剂，提高黏土颗粒的水化程度和分散度。

（3）根据钻井液的类型及当时的具体情况而选用适当的降滤失剂。目前较常用的是低黏度 CMC；若降滤失量的同时又希望提高黏度，可采用中黏度 CMC；聚合物钻井液常用聚丙烯腈盐类（钠盐、钙盐或铵盐）；在超深井段应选用抗温能力强的酚醛树脂（SMP-1）；使用饱和盐水钻井液时可选用 SMP-2，依靠这些高分子化合物的保护作用和增加滤液黏度来降低滤失量。

第五节　钻井液的润滑性能

一、钻井液润滑性能的概念

钻井液的润滑性能包括钻井液自身的润滑性能和所形成泥饼的润滑性能，评价钻井液润滑性能的主要技术指标——钻井液的摩阻系数和泥饼的摩阻系数。

二、钻井对钻井液润滑性的基本要求

对常用的水基钻井液来说，摩阻系数维持在 0.20 左右时可以满足直井、小斜度定向井正常生产需要，但不能满足水平井的生产需要。水平井应维持在 0.08 ～ 0.10 范围内，才可以保持钻井的顺利进行。

三、钻井液润滑性的调整

影响钻井液润滑性的主要因素有钻井液的黏度、密度、滤失情况、钻井液中固相的含量及类型、井壁岩石情况、润滑剂及其他处理剂的使用情况等，所以在选择调控钻井液润滑性的措施时需要根据具体情况

考虑上述因素。目前，钻进过程中常用的改善钻井液润滑性的方法主要有两种：一是合理使用润滑剂来降低钻井液的摩阻系数；二是通过改善泥饼质量来增强泥饼的润滑性。钻井液中常用的润滑剂有惰性固体润滑剂、液体类润滑剂、沥青类润滑剂等。

1. 惰性固体润滑剂

近几年常用的此类润滑剂是塑料小球，该润滑剂一般可降低扭矩 35% 左右，降低下钻阻力 20% 左右，可以与各类钻井液匹配。石墨粉也是一种很好的选择，具有抗高温、无荧光、加量小等特点。

2. 液体类润滑剂

有效用于钻井液的液体类润滑剂必须具备两个条件：一是分子的烃链要足够长，不带支链，利于形成致密的油膜；二是吸附基要牢固地吸附在黏土和金属表面上，防止油膜脱落，常用的有 OP-30、聚氧乙烯硬脂酸酯 -6、ABSN 等。

3. 沥青类润滑剂

沥青类物质亲水性弱，亲油性强，可以有效地涂敷在井壁上，在井壁上形成一层油膜，在钻井液中有利于改善泥饼质量提高其润滑性，现场常用来提高钻井液的润滑性能。

第六节　钻井液含砂量

钻井液含砂量是指钻井液中不能通过 200 目（即边长为 74μm）的砂粒，也可说成直径大于 0.074mm 的砂粒占钻井液总体积的百分数，用符号"N"表示，无量纲。

一、钻井对含砂量的基本要求

含砂量高时，钻井液密度升高，钻速降低，滤饼质量变差，滤失变大，滤饼摩擦系数变大，影响固井质量，电测遇阻，地质资料不准，对设备的磨损严重。所以，钻井要求钻井液含砂量越小越好，一般控制在0.5%以下。

二、降低含砂量方法

(1) 机械除砂。利用振动筛、除砂器、除泥器等设备除砂。

(2) 化学除砂。通过加入化学絮凝剂，将细小砂粒由小变大，再配合机械设备除之。例如聚丙烯酰胺(PAM) 或部分聚丙烯酰胺（PHP 水解度 30%），相对分子质量 500 万以上，就是常用的絮凝剂。

第七节 钻井液pH值

一、钻井对钻井液 pH 值的要求

(1) 一般钻井液 pH 值控制在 8.5~9.5，p_f 为 1.3~1.5mL。

(2) 饱和盐水 $p_f > 1mL$，海水钻井液 p_f 为 1.3~1.5mL。

(3) 深井钻井液应严格控制 CO_2 含量，一般应控制 p_m / p_f 小于 3，至少应小于 5。

(4) 不分散型：pH=7.5~8.5。

(5) 分散型：pH > 10。

(6) 钙处理钻井液 pH > 11。为防止 CO_2 腐蚀，pH 值应控制在 9.5 以上。

二、pH 值的控制方法

提高 pH 值的方法是加入烧碱 (NaOH)、纯碱 (Na_2CO_3)、熟石灰 [Ca (OH)$_2$] 等碱性物质。如果是石膏侵、盐水侵造成的 pH 值降低，可加高碱比的煤碱液、单宁碱液等进行处理，既提高了 pH 值，又能降黏切、降滤失，使钻井液性能变好。若需降 pH 值，现场一般不采用加无机强酸，而是采用加弱酸性的单宁粉或栲胶粉。

第四章　钻井液配浆材料及处理剂

　　钻井液所用的材料包括原材料及处理剂。原材料是指那些用做配浆且用量较大的基础材料，如膨润土、水、油及加重材料。处理剂指的是那些为改善和稳定钻井液性能而加入到钻井液中的化学处理剂。

　　我国钻井液标准化委员会根据国际上的分类法，并结合我国的具体情况，将钻井液配浆材料和处理剂共分为以下 16 类：降滤失剂、增黏剂、乳化剂、页岩抑制剂、堵漏剂、降黏剂、缓蚀剂、黏土类、润滑剂、加重剂、杀菌剂、消泡剂、泡沫剂、絮凝剂、解卡剂、其他类。

　　在现场实际配制和使用钻井液时，并不同时使用这些处理剂，而仅仅是根据需要使用其中的几种，有些处理剂同时具有几种作用，在此除介绍常用的配浆原材料外，重点介绍几种重要且常用的几类处理剂。

第一节　钻井液配浆原材料

一、黏土类

　　膨润土是水基钻井液的重要配浆材料，主要成分是蒙皂石（图 4-1）。一般要求 1t 膨润土至少能够配制出黏度为 15mPa·s 的钻井液 16m^3。膨润土在淡水钻井液中具有以下作用：（1）增加钻井液的黏度和切力，提高井眼净化能力；（2）形成低渗透的致密泥饼，降低滤失量；（3）对于胶结不良的地层，可以改善井眼和稳定性；（4）可以防止井漏等。

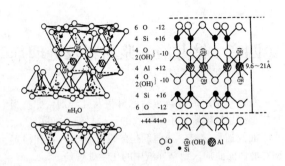

图4-1 膨润土结构

海泡石、凹凸棒石和坡缕缟石是较典型的抗盐且耐高温的黏土矿物，主要用于配制盐水钻井液和饱和盐水钻井液。由于抗盐黏土配制的钻井液所形成泥饼质量不够好，实际使用时应配合使用适量降滤失剂。海泡石具有一定的酸溶性（在酸中可以溶解60%左右），故可以用做酸溶性的暂堵剂。

有机土是由膨润土经季铵盐类阳离子表面活性剂处理而制成的亲油膨润土，可以用做油基钻井液中，起到油化分散、形成结构的作用。

二、加重材料

加重材料是一种不溶于水的惰性材料，将其加入钻井液中可以明显提高钻井液密度，用来应对高压地层和井壁失稳问题。加重材料应具备自身密度大、磨损性小、易粉碎、不与钻井液中其他处理剂发生反应的特点。常用加重材料有以下几种。

1. 重晶石粉

重晶石主要成分是硫酸钡，自身密度应达到4.2g/cm³，通过200目筛网时的筛余量应小于3%。单纯用重晶石加重钻井液的密度一般不超过2.30g/cm³。

2. 石灰石粉

石灰石粉的主要成分是碳酸钙，自身密度为 $2.7\sim2.9g/cm^3$，非常适合于在非酸敏性而又需要进行酸化作业的产层中使用。由于其密度较重晶石低，所以只能用于配制密度不超过 $1.68g/cm^3$ 的钻井液和完井液中。

3. 铁矿粉

铁矿粉的主要成分是三氧化二铁，它的密度为 $4.9\sim5.3g/cm^3$，可以用来配制密度更高的钻井液，现场施工时将铁矿粉与重晶石混合使用，可以将钻井液密度提高到 $2.5g/cm^3$，而其他性能优良。铁矿粉具有一定的酸溶性，可以应用于需要进行酸化处理的产层。由于铁矿粉的硬度较大，使用过程中对钻具、钻头及泵的磨损较大。

4. 方铅矿粉

方铅矿粉的主要成分是硫化铅，它的密度高达 $7.4\sim7.7g/cm^3$，用来配制超高密度钻井液，由于成本高货源少，只有在非常特殊的情况下才使用。

第二节　无机处理剂

钻井现场常用的无机处理剂有纯碱、烧碱、石灰、石膏、氯化钙、氯化钠、氯化钾、硅酸钠、重铬酸钠、重铬酸钾及酸式焦磷酸钠等，它们都是水溶性的无机碱类或盐类，在钻井液中所起的主要作用有离子交换吸附、调节钻井液 pH 值、沉淀作用、抑制溶解作用及提高抑制性作用等。在此主要介绍几种常用的无机处理剂。

一、纯碱

纯碱又称苏打粉，化学名称碳酸钠，易溶于水，水溶液呈碱性，在空气中易受潮结块，在钻井现场存放时一定要注意防潮。

纯碱能通过离子交换和沉淀作用使钙黏土变为钠黏土，可以使新浆的滤失量下降，增加黏度和切力，但加量不宜过大，否则会导致黏土颗粒聚结，使钻井液性能变差。钻进过程中，若遇到钻水泥塞或钻井液受到轻微钙侵时，通常向钻井液中加入适量的纯碱。

二、烧碱

俗称火碱，化学名称氢氧化钠，易溶于水，溶解时放出大量的热，水溶液呈强碱性，对皮肤有很强的腐蚀性。烧碱极易吸收空气中的水和二氧化碳，并发生化学反应生成碳酸钠，存放时应特别注意防潮加盖。

烧碱主要用于调节钻井液的 pH 值，还可与单宁、褐煤等处理剂一起配合使用。

三、石灰

石灰分生石灰和熟石灰，生石灰即氧化钙，吸水后变成熟石灰氢氧化钙。在钙处理钻井液中，石灰用于提供钙离子，控制黏土的水化分散能力，使之保持在适度的絮凝状态；在高温条件下，石灰钻井液可能发生固化反应，因此在高温深井中应慎用。另外，石灰还可配成石灰乳堵漏剂封堵漏层。

四、氯化钾

氯化钾是一种最常用的无机盐类页岩抑制剂，白色晶体，易溶于水，溶解度随温度升高而增加。具有较强的抑制页岩渗透水化的能力。现场常与聚合物配合使用，配制成具有强抑制能力的钾盐聚合物防塌钻井液。

五、酸式焦磷酸钠

酸式焦磷酸钠为无色固体，遇较少量的钙离子、镁离子时，可以生成水溶性的配位离子，遇大量的钙离子、镁离子时，可以生成钙盐沉淀，特别是对水泥和石灰造成的污染有很好的效果，它的主要特色是既可以除去钙离子，又不会使钻井液 pH 值升高。它的主要缺点是抗温性差，一般在深部井段不推荐使用。

第三节 有机处理剂

目前钻井液用的有机处理剂有 200 多种，随钻井液技术的不断发展，还有继续增多的趋势。但从其所起的作用来看，主要分为六大类，即增黏剂、页岩抑制剂、降黏剂、降滤失剂、润滑剂、堵漏剂等。

一、增黏剂

有机增黏剂均为高分子聚合物，由于其分子链很长，在分子链之间容易形成网状结构，因此能显著地提高钻井液的黏度。增黏剂除了起增黏作用外，还往往兼作页岩抑制剂（包被剂）、降滤失剂及流型改进剂。由于增黏剂的种类较多，在此重点介绍两种增黏剂。

1. 生物聚合物

通常用做钻井液处理剂的生物聚合物叫做 XCPolymer，简称 XC。它是由田野植物上生长的一种甘兰黑腐病黄单胞杆菌将单糖经代谢聚合而成的高分子链状多糖聚合物，相对分子质量可高达 5×10^6。生物聚合物的主要优点之一是增黏性能优良，它在淡水、海水和盐水中都具有优良的增黏能力，加入很少的量（0.2%~0.3%）即可产生较高的黏度，在增黏的同时还能降低钻井液滤失量的作用。它的另一显著特点是具有优良的剪切稀释特性，能有效地改进流型。

抗污染能力强是生物聚合物又一突出优点。石膏、水泥或盐对生物聚合物溶液的性能影响不大，用它配制的钻井液钻进石膏、含盐地层特别有效。它的抗温性能也很出色，不仅在高温下（120℃）性能稳定，流动性好，而且在低温下（−2.20℃）流动性能也良好。据报道，国外曾在 148.9 的高温和 −2.2℃ 的低温下成功使用过。

生物聚合物的钻井液需要用杀菌剂处理，否则空气和钻井液中的各种细菌能使生物聚合物酶变，降解失效，结果黏度丧失。因此，在使用生物聚合物钻井液时应防止其发酵变质。实验表明，三氯酚钠在效率、安全、价格等方面都是最理想的杀菌剂。

2. 羟乙基纤维素

羟乙基纤维素（HEC）是白色或微黄色的纤维状粉末，它是一种非离子水溶性高聚物，溶于水成黏稠的胶液。其平均相对分子质量为 50000~500000，主要用于钻井液和完井液的增黏剂，同时也起一定的降滤失作用。

HEC 的增黏作用除了与它的聚合度、相对分子质量、醚化度、醚化均匀性有关外，主要与它的胶粒和胶团结构有关。其显著特点是增加黏度的同时不增加切力，增黏程度一般与时间、温度和含盐量有关，其抗温能力可达 120℃。

二、页岩抑制剂

抑制剂（inhibiter），又称防塌剂，主要用于配制抑制型钻井液，在钻进泥页岩地层时，抑制泥页岩水化膨胀，在钻进无胶结地层时防止其坍塌。目前，抑制剂的品种很多，这里主要叙述沥青类和腐殖酸钾这两类主要的页岩抑制剂。

1. 沥青类

钻井液常用的沥青类抑制剂有主要有氧化沥青和磺化沥青。

氧化沥青是将沥青加热并通入空气进行氧化后制

得的产品，它为黑色均匀分散的粉末，难溶于水，在水基钻井液中用做页岩抑制剂，并兼有润滑作用，一般加量为1%~2%。此外，还可以用在油基钻井液中起增黏和降滤失作用。它的防塌作用主要是物理作用，可以在一定的温度和压力下软化变形，进而封堵裂隙，与钻井液中的其他固相一起在井壁上形成一层致密的保护膜。在软化点以内，随温度的升高，氧化沥青的降滤失能力和封堵能力增强，稳定井眼的效果也随之增加。但超过软化点后，在较大的正压差作用下，会使软化后的沥青流入岩石裂隙处，封堵作用明显变差。因此，在选择该类产品时，要根据实际的井深和钻井液温度，选择适宜的产品，避免选用产品的软化点过高或过低。

磺化沥青实际上是磺化沥青的钠盐，它是常规的沥青用发烟硫酸进行磺化，在沥青分子结构中引入水化性能强的磺酸基，使之具有可溶于水的性质。钻井液常用的磺化沥青为黑褐色膏状胶体或粉剂，其软化点高于80℃。磺化沥青的防塌机理不同于氧化沥青，它既有物理作用也有化学作用。由于磺化沥青分子结构中含有磺酸基，具有很强的水化作用，当它吸附在页岩晶层断面上时，可以阻止页岩颗粒的水化分散，同时不溶于水的部分又能起到填充孔喉和裂缝的封堵作用，还可涂敷在岩石表面在井壁形成不渗透薄膜，改善泥饼质量。

当井底温度高于磺化沥青的软化点后，它的封堵能力也会随之下降，但会在钻井液中起润滑和降低高温高压滤失量的作用。

2. 腐殖酸钾

腐殖酸在钻井液中的应用很广，其系列产品有腐殖酸钾、硝基腐殖酸钾、磺化腐殖酸钾、有机硅腐殖酸钾、腐殖酸钾铝、腐殖酸硅铝等，其中应用最多的是腐殖酸钾（KHm）和有机硅腐殖酸钾(OSAM-K)。

（1）腐殖酸钾。

腐殖酸钾是以风化煤、褐煤或泥炭中的腐殖酸为原料，用碱抽提法制取而成。外观呈黑褐色粉末，易溶于水。主要用做淡水钻井液的页岩抑制剂，同时具有降黏和降滤失作用。抗温能力可达180℃，一般加量为1%~3%。

（2）有机硅腐殖酸钾。

有机硅腐殖酸钾是腐殖酸的有机硅衍生物，是近年来应用较广的一种多功能深井钻井液处理剂。该处理剂电离带负电荷的水化能力很强的水化基团，具有较强的抑制黏土水化膨胀能力，是一种良好的页岩抑制剂，同时兼有降低钻井液黏度和降滤失作用。特别是对水敏性页岩有很好的抑制，保持页岩稳定，防止井径扩大，可以直接加入各种水基钻井液体系中，多与褐煤树脂、铵盐等处理剂配合使用，建议加量1%~3%。

页岩抑制剂的处理剂种类还有很多，详见附录二。

三、降黏剂

降黏剂常称为稀释剂，向钻井液中加入此类处理剂，可以降低体系的黏度和切力，常常用在钻井液黏度和切力过大的情况下，使钻井液具有适宜的流变性。钻井液降黏剂的种类很多，常根据作用机理的不同分为两大类，即聚合物型稀释剂和分散型稀释剂。聚合物稀释剂主要包括共聚型聚合物降黏剂和低相对分子质量聚合物降黏剂，分散型稀释剂中主要有单宁类和木质素磺酸盐类。在此主要介绍四种有代表性的处理剂。

1.低相对分子质量聚合物降黏剂——XY-27

XY-27是相对分子质量约为2000的两性离子聚

合物稀释剂，在它的分子结构中同时含有阳离子基团和非离子基团，属于乙烯基单体多元共聚物。其主要特点是既是降黏剂又是页岩抑制剂。与分散型降黏剂相比，它只需要很少的加量，通常为 0.1%~0.3%。XY-27 经常与两性离子包被剂 FA-367 及两性离子降滤失剂等配合使用。

两性离子降黏剂的作用机理与它特殊的结构分不开。XY－27 的分子结构中含有阳离子基团，能与黏土发生离子型吸附，又由于其相对分子质量较低，能更快、更牢固地吸附在黏土颗粒上。而且它与高聚物之间的交联和配位的机会增加。有机阳离子基团吸附于黏土表面后，一方面中和了黏土表面的部分负电荷，削弱了黏土的水化作用，另一方面这种特殊的分子结构使聚合物链之间变得更容易发生缔合，因此，它也具有一定的抑制页岩水化的作用。现场应用表明，在含有 FA-367 的膨润土浆中，只需要加入少量的 XY-27，钻井液的黏度和切力就急剧下降，且滤失量降低，泥饼质量也明显变好。

2. X－A40 降黏剂

X－A40 是一种聚丙烯酸钠，相对分子质量为5000 左右，具有一定的抗盐抗钙能力。当加量为 0.3%时，可抗 0.2% 的硫酸钙和 1% 的氯化钠，并可以抗150℃的高温。

该处理剂之所以具有较强的稀释作用，主要是由其线型结构、低相对分子质量及强阴离子基团所决定的。一方面，由于其相对分子质量低，可通过氢键优先吸附在黏土颗粒上，从而顶替掉原已吸附在黏土颗粒上的高分子聚合物，从而拆散了由高聚物与黏土颗粒之间形成的"桥接网架结构；另一方面，低分子量的降黏剂可与高分子主体聚合物发生分子间的交联作用，阻碍了聚合物与黏土之间网架结构的形成，从而达到降低黏度和切力的目的。

3. 磺甲基单宁

磺甲基单宁（SMT）是一种抗高温稀释剂，通过单宁与甲醛和亚硫酸钠进行磺甲基化反应制备而成，抗温可达 180~200℃。该处理剂为棕褐色粉末或细颗粒，易溶于水。一般加量为 0.5%~1% 时，就可以获得较好的稀释效果，它抗钙可达 1000g/L，但抗盐能力较差，含盐量超过 1% 时稀释效果就明显下降。

单宁类降黏剂主要是通过拆散结构而起降黏作用的，即主要降低的是动切力，对于塑性黏度影响较小。

4. 铁铬木质素磺酸盐

铁铬木质素磺酸盐（FCLS）由纸浆废液经过一系列化学反应制成，是一种使用较广泛的降黏剂。该处理剂抗盐、抗钙及抗温能力均较强，可以抗温 150~180℃，一般加量为 0.3%~1%。它具有弱酸性，加入钻井液后钻井液的 pH 值会降低，因此，现场使用时需要配合烧碱一起使用。

铁铬盐对钻井液稀释作用包括两个方面：一是在黏土颗粒的断键边缘上形成吸附水化层，从而削弱黏土颗粒之间的连接，进而削弱或拆散空间网架结构，使得钻井液的切力和黏度显著降低；二是铁铬盐分子在泥页岩上的吸附，有抑制其水化分散作用，有利于井壁稳定。

四、降滤失剂

降滤失剂又称为降失水剂，是钻井液中一种重要的处理剂。在钻井过程中，钻井液的滤失侵入地层会引起泥页岩水化膨胀，严重时导致井壁不稳定和各种井下复杂情况，钻遇产层时还会产生油气层伤害。通过在钻井液中加入降滤失剂，可以在井壁上形成低渗透、薄而韧的泥饼，进而降低滤失量。现阶段常用的降滤失处理剂主要分为纤维素类、丙烯酸类、淀粉类、树脂类及腐殖酸类等。在此仅列出常用的几种，其他处理剂详见附录二。

1. 羧甲基纤维素钠盐

多年来，羧甲基纤维素钠盐（CMC）一直是钻井液界广泛使用的降滤失剂之一，该处理剂自身又分为高黏、中黏和低黏，主要适用于对黏度有不同要求的钻井液，在起降滤失作用同时，又可用来调节钻井液的黏度。CMC 是将棉花纤维用烧碱处理成碱纤维，然后在一定温度下与氯乙酸钠进行醚化反应，再经老化、干燥即可制得。纯净 CMC 产品为白色纤维状粉末，具有吸湿性，溶于水后形成胶状液，它的抗温能力可达 $130 \sim 150 ℃$，常规加量为 $0.1\% \sim 0.3\%$。

CMC 在钻井液中电离生成长链的多价阴离子，其分子链上的羟基和醚氧基为吸附基团，羟钠基为水化基团，羟基和醚氧基通过氢键和配位键与黏土颗粒产生吸附，而羟钠基通过水化使黏土颗粒表面水化膜变厚，从而阻止黏土颗粒聚结成大颗粒的趋势，并且多个黏土颗粒会吸附在 CMC 的一条分子链上，形成布满整个体系的网状结构，最终提高了黏土颗粒的聚结稳定性，保持了钻井液中细黏土颗粒的量，利于形成致密的泥饼。

2. 水解聚丙烯腈

聚丙烯腈是制造腈纶的合成纤维材料，目前用于钻井液的主要是腈纶废丝经碱水解后的产物，外观为白色粉末，平均相对分子质量为 12.5 万 ~ 20 万。聚丙烯腈经过水解生成水溶性的水解聚丙烯腈（HPAN）盐后，才能在钻井液中起降滤失的作用，水解时所加入的碱不同，可以生成不同的用做钻井液降滤失剂的水解聚丙烯腈盐，主要有水解聚丙烯腈钠盐、水解聚丙烯腈钙盐和水解聚丙烯腈铵盐。

由于水解聚丙烯腈盐分子链中的主链为C—C键，且含有热稳定性很强的腈基，所以该处理剂可以抗温200℃以上，它的抗盐、抗钙能力也较好。

3. 淀粉类

现场常用的淀粉类降滤失处理剂，均是淀粉的改性产品，主要有羧甲基淀粉(CMS)、羧丙基淀粉(HPS)和抗温淀粉(DFD-140)等。

CMS是在碱性条件下，淀粉与氯乙酸发生醚化反应制备而成。它具有降滤失效果好、作用速度快的优点，在提黏的过程中主要提高动切力，而对塑性黏度影响较小，有利于携带钻屑。它具有一定的抗盐能力，适于在盐水或饱和盐水钻井液体系中使用。

HPS是在碱性条件下，淀粉与环氧乙烷或环氧丙烷发生醚化反应制备而成的，由于其分子链中有羟基，其水溶性、增黏能力和抗微生物作用的能力明显改善。HPS为非离子型高分子处理剂，对高价阳离子不敏感，具极强的抗盐、抗钙污染能力，往往用于处理钙污染的钻井液。另外，它还可以与酸溶性暂堵剂QS-2等配制成无黏土相暂堵型钻井液，有利于保护油层。

DFD-140是一种白色或淡黄色的颗粒，分子链中同时含有阳离子基团和非离子基团。在4%的盐水钻井液中抗温可达140℃，在饱和盐水钻井液中抗温可达130℃，可以用在所有水基钻井液体系中。

五、润滑剂

润滑剂的种类很多，目前国内在用的不少于20种，基本分固体和液体两大类。现只介绍主要的几种。

(1) RT-443润滑剂：它是以特种矿物油和植物油为基础油再配合多种表面活性剂复配而成的。主要用做探井及定向井的防卡剂，有减小扭矩的良好作用。本品为液体，直照荧光为5级，对地质录井无干扰。

(2) 低荧光粉状防卡剂：代号RH，它是以白油为基础并与多种表面活性剂复配而成的。本品荧光小于3级，对地质录井无干扰。主要用做探井及定向井的防卡剂。有降低滤饼摩阻系数及扭矩、防止卡钻的良好作用。

(3) RH-3润滑剂：它是由多种表面活性剂优选组配而成的（其中个别组分是根据需要而研制的）。主要用做探井及定向井的防卡剂，具有较大的极压膜强度，对降低扭矩和摩阻系数都有明显效果。本品荧光较低，对地质录井无干扰。

(4) 无荧光钻井液润滑剂：代号RT-001，它是以白油为基础油，再加入经筛选的表面活性剂组配而成的。本品荧光低，对地质录井无干扰，抗温150℃，不起泡，主要用做探井及定向井的防卡剂，并可降低扭矩，对钻井液性能无影响。

(5) 塑料小珠：简称塑珠，代号HZN-102。它是由苯乙烯与二乙苯的共聚物经成珠而得的。它是一种具有一定强度的固体，按需要可选用不同的粒度配比，一般30~80μm较好。它可像轴承一样来降低摩擦阻力。它主要用做探井与定向井的防卡减阻剂，抗温达200℃以上，不影响钻井液性能。

六、堵漏剂

我国除了惰性材料外，已定型并在全国使用的正式产品较少，多数是根据自己油田的情况临时配制的。

(1) 惰性堵漏剂：它是一种由惰性材料组配而成的混合材料。基本包括三大类：一是粒状，如贝壳粉、果壳粉、蛭石等；二是片状，如云母片、塑料废纸片、花生壳；三是各种植物纤维状，如板栗壳、皮屑等。

从大小看，可分为粗、中、细三种，可根据漏失特性而采用不同形状、不同大小的惰性材料复配而成。

(2) N 型脲醛树脂：又称尿素甲醛树脂，调配不同配比可获得不同稠度和凝固时间的浆液。若加入固体物，效果更佳。

第五章　钻井液的维护与处理

第一节　钻井液日常维护的通用方法

一、钻井液性能的测量

（1）在快速钻进过程中，至少应每 30min 测量一次密度和黏度，井下正常的情况下可以放宽至每小时测量一次密度和黏度。每天至少应测量两次全套钻井液性能，为维护调整钻井液性能提供参考数据。

（2）每次起钻前，至少应测量一次全套钻井液性能。

（3）对深井来说，由于井底温度较高，每次下完钻后，应加密测量钻井液常规性能，至少测量两个循环周，每 10min 测量一次密度、黏度。

（4）在油、气、水侵和化学污染的情况下，应至少测量一个循环周，每 5min 测量一次密度、黏度，掌握变化情况。

二、钻井液日常维护方法

（1）正常维护钻井液时，所有有机处理剂均应以胶液的形式加入，尽量避免以干粉的形式加入。

（2）向钻井液体系中加入胶液时，尽量按循环周的方式加入，以利于钻井液性能的稳定。

（3）正常情况下，钻井液循环罐中的钻井液量不要太多，维持在罐容积的 60%~70% 即可，这样便于处理钻井液。

（4）储备重浆的性能要与实际所用的钻井液性能相匹配，每天对其进行测量，确保性能符合要求。

三、用水维护钻井液

在钻进过程中钻井液的滤液不断渗入地层，钻屑又不断分散侵入钻井液，使固相含量升高，流变性向变差的趋势发展，特别是加重钻井液，在钻进过程中要适时补充水分。尽管胶液中已含有大量的水分，但有时还是会出现黏度、切力升高，流动性变差的现象，此时便可以采取向钻井液体系中加入适量水分的措施来解决。加水时做到细水长流均匀加入，防止不均匀地猛加乱加，避免发生井壁失稳或井下复杂情况。

四、做好钻井液小型实验

在对钻井液进行处理以前，首先做好小型室内实验，根据实验结果，决定合适的处理方案。

(1) 用钻井液杯取样 500~1000mL，按钻井液质量浓度用天平称取所需药品质量加入到钻井液中。当用胶液处理时，可按钻井液的体积百分比，用量筒量取适当的胶液量加入到钻井液中，充分搅拌后测其性能，一般搅拌 30min 左右，加温到 80~90℃，降温至井口温度，做全套性能实验。改变加药比例，重复实验，直到选一最佳药量为止。做好小型实验记录，包括原钻井液性能和处理剂的名称、比例、加量、实验后性能等项目。

(2) 做小型实验时，必须考虑现场条件的加药顺序和方式，比如是加干燥的固体处理剂还是配成溶液加入，是在稀释剂加入前加黏土还是在稀释剂加入后加黏土等。加药顺序和方式不同，测量的结果也会不同。因此，在记录小型实验结果时，必须说明所加处理剂的顺序和方式。再者，做小型实验时，处理前后的搅拌方式和搅拌时间应是一致的。

第二节 常用钻井液体系、推荐 配方及维护要点

一、膨润土钻井液体系

1. 应用范围

（1）膨润土钻井液体系通常用于打导管、表层套管等较浅的井段，在较浅地层相对不稳定的地区用来代替水进行钻进，实现加固上部地层井壁、防止井漏的目的。

（2）用于储备适量的钻井液，满足钻井过程中对钻井液量的应急需求。

2. 推荐配方

膨润土钻井液体系配方及主要性能见表 5-1。

表5-1 膨润土钻井液体系配方及主要性能

基本配方		可达到性能	
材料名称	加量，kg/m³	项目	指标
膨润土	25~50	马氏漏斗黏度，s	35~60
烧碱	0.7~1.5	塑性黏度，mPa·s	8~12
纯碱	1.0~2.0	动切力，Pa	5~10
CMC	1.0~3.0	滤失量，mL	不控制（通常小于20）
		pH值	9~10

3. 配制方法

（1）先在配浆水中加入纯碱和烧碱，去除配浆水中的 Ca^{2+} 和 Mg^{2+}，以提高造浆率和使配出的膨润土浆得到理想的黏度。

（2）膨润土浆在使用前应进行预水化：将所需数量的膨润土、水和烧碱或纯碱在罐中搅拌并用泵循环

2～4h，然后将其静置16～24h。

(3) 根据需要，加入一定数量的其他处理剂。

4. 维护要点

在使用膨润土钻井液时，通常会出现以下一些问题，在此针对每项问题，给出处理措施如下。

(1) 黏土和泥页岩岩屑侵入，钻井液增稠：

① 放掉部分污染严重的钻井液，结合用水进行稀释。

② 加入相应的化学处理剂，如电解质抑制剂NaCl、CaO、KCl、石膏等或稀的聚合物包被絮凝剂PHPA、降黏剂。

③ 加强固控工作，充分利用振动筛、除砂器和除泥器等除掉无用固相。

(2) 滤失量偏高：加入降滤失剂，如 CMC、PAC或淀粉类降滤失剂。

(3) 井漏：

① 向体系中适量加大膨润土的加量，同时补充一定量的堵漏剂。

② 降低泵排量，减少循环阻力。

③ 条件许可情况下转为泡沫钻井液。

二、KCl–聚合物钻井液体系

1. 应用范围

KCl—聚合物钻井液是目前应用最广泛的一种钻井液体系，通常用于地层相对较稳定的，完钻井深在3500m 以内的井中。该体系具有固相含量低、流变性良好、钻进速度快，对油气层伤害小、钻井成本低等特点。

2. 推荐配方

KCl—聚合物钻井液体系配方及主要性能见表5–2。

表5-2　KCl-聚合物钻井液体系配方及主要性能

基本配方		可达到性能	
材料名称	加量，kg/m³	项目	指标
KCl	60~80	漏斗黏度，s	40~60
PHPA（相对分子质量 3×10⁶）	1~3	塑性黏度，mPa·s	10~25
KPAM	1~2	动切力，Pa	5~15
PAC	2~4	滤失量，mL	3~6
NH₄-HPAN	3~6	pH值	9~10.5
XC	2~4		

3. 配制方法

KCl—聚合物钻井液通常由上部井段使用的膨润土浆转化而成。其转化的程序是：先将上部使用的钻井液加水稀释至其膨润土含量为 15 ~ 30kg/m³，然后依次加入 PHPA、KPAM、KCl、降黏剂和降失水剂等，充分循环，以使钻井液基本达到设计的性能。转化工作一般在固井候凝期间进行，钻水泥塞时用地面配制好的 KCl—聚合物体系进行，待水泥染污的混浆返到井口时，排放掉污染较严重的钻井液，正常循环钻进后，再根据所测的全套性能进行调节。

配制时应注意，在加入处理剂前一定要把膨润土含量降下来，否则加入 KCl 和包被增稠剂 PHPA 或 KPAM 后，往往会使黏度升得极高而不能使用。

4. 维护要点

(1) 经常检测 K^+ 含量，适时补充 KCl 以保证钻井液中 KCl 的含量在设计范围内。

(2) 当钻速较快或钻遇强造浆性地层时，要加强固控设备的运转效率，必要时加强清罐次数，维护好钻井液的流变性能。

三、盐水钻井液体系

1. 应用范围

凡氯化钠含量超过 1% 的钻井液统称为盐水钻井液。当所钻地层中含有大段岩盐层、盐膏层，或盐膏与泥盐互层时，常常会考虑使用盐水钻井液体系，该体系也常常用来钻高压盐水层。

2. 推荐配方

盐水钻井液根据其中的含盐量多少分为一般盐水钻井液、饱和盐水钻井液和海水钻井液，由于海水的主要成分是氯化钠，其矿化度处于不饱和状态，因此海水钻井液的作用原理、配制和维护方法与一般的盐水钻井液基本相同，故在此仅介绍前两种盐水钻井液的基本配方。

一般盐水钻井液主要配方如表 5-3 所示。

表5-3　盐水钻井液体系配方及主要性能

基本配方		可达到性能	
材料名称	加量，kg/m³	项目	指标
抗盐黏土	20~30	密度，g/cm³	1.15~1.20
膨润土（经预水化）	20~30	塑性黏度，mPa·s	25~35
聚阴离子纤维素	4~6	动切力，Pa	7.0~9.0
抗盐降黏降滤失剂	30~40	API滤失量，mL	<5
钠褐煤	15~20	HTHP滤失量，mL	15~22
高黏CMC	1~3	pH值	9.5~10.5
液体润滑剂	15~30	n值	0.6左右
改性沥青	视需要而定		
抗高温处理剂	视需要而定		
消泡剂	1~3		

在配制盐水钻井液时，最好选用抗盐黏土（海泡石、凹凸棒石等）作为配浆土。若使用膨润土，则必须在淡水中经过预水化，然后再加入各种处理剂。

饱和盐水钻井液体系配方及主要性能见表5-4。

表5-4　饱和盐水钻井液体系配方及主要性能

基本配方		可达到性能	
材料名称	加量，kg/m³	项目	指标
基浆	稀释到 1.10～1.15	密度，g/cm³	>1.20
增黏剂（PAC141或KPAM）	3～6	漏斗黏度，s	30～55
降滤失剂（CMC或SMP）	20～50	表观黏度，mPa·s	9.5～59
抗盐降黏剂	视需要，一般 30～50	塑性黏度，mPa·s	8～50
NaCl	达饱和	动切力，Pa	2.5～15
NaOH	2～5	静切力，Pa	0.2～2/ 0.5～10
红矾	1～3	API滤失量，mL	3～6
表面活性剂	视需要而定	pH值	8.5～10
重结晶抑制剂	视需要而定	含砂量，%	<0.5

3. 配制方法

用抗盐黏土配制饱和盐水钻井液的方法为：在每桶淡水中加入57kg工业食盐，搅拌均匀即可得到1.13g/cm³的饱和盐水。然后在饱和盐水中加入80～86g/cm³的优质抗盐黏土，即可配成漏斗黏度为36～38s的原浆。接着再向其中加入淀粉或PAC系列，当加入11～14g/cm³的淀粉后，体系的滤失量便可以降低至15mL以下，当加入23～29g/cm³的淀粉后，则可以将滤失量控制到5mL以下。随后可以根据情况适量加入其他处理剂，进行钻井生产。

4. 维护要点

(1) 保持所需的含盐量是该类钻井液维护处理的关键所在，因此需要经常检测钻井液中的盐含量，不定期向体系中进行补充盐或盐水。

(2) 加入 NaCl 后经常会使 pH 值降低，应不断补充烧碱，以使 pH 值保持在 8.5 ~ 10。

(3) 使用盐水钻井液经常会出现发泡现象，应加入适量的消泡剂消泡。

(4) 对饱和盐水钻井液的维护应以护胶为主、降黏为辅。当发生黏度和切力下降，而滤失量上升时，应及时补充护胶剂，保持性能相对稳定。

四、聚合物－磺酸盐钻井液体系

1. 应用范围

聚合物－磺酸盐钻井液体系又称聚磺钻井液体系，是在常规聚合物钻井液体系的基础上发展起来的一种应对中深井的钻井液体系。它同时具有聚合物钻井液和三磺钻井液体系的优点，具有明显的抑制性、抗化学污染和抗温等能力，目前可以实现抗温 200℃以上。这种钻井液体系可以有效地用于钻 6000m 或更深的深井、定向井和水平井。

2. 推荐配方

聚磺钻井液所使用的主要处理剂可大致分为两类：一类是抑制类，包括各种聚合物处理剂及 KCl 等无机盐，其作用主要是抑制地层造浆，保持井壁稳定；另一类是分散剂，包括各种磺化材料、褐煤类处理剂及纤维素等，其作用主要是降滤失和改善流变性。其配方如表 5-5 所示。

表5-5 聚合物-磺酸盐钻井液体系配方及主要性能

基本配方		可达到性能	
材料名称	加量，kg/m³	项目	指标
KPAM	2~3	密度，g/cm³	1.05~1.50
PAC-141	1~3	漏斗黏度，s	45~65
两性离子包被抑制剂	1~3	塑性黏度，mPa·s	10~25
NH₄-HPAN	3~5	动切力，Pa	7~18
KCl	50~70	静切力，Pa	0~5/2~30
磺化褐煤树脂	5~15	API滤失量，mL	<5
磺化酚醛树脂	5~15	HTHP滤失量，mL	15左右
磺化单宁	5~15	pH值	≥10
两性离子降黏聚合物	3~8	含砂量，%	0.5~1

3. 配制方法

聚磺钻井液大多由上部地层所使用的聚合物钻井液在井内转化而成。转化最好在技术套管内进行，可以先将聚合物和磺化类处理剂分别配制成胶液，然后按小型实验的配方要求，与一定数量的井浆混合，或者先用清水把井浆稀释，使其中的膨润土达到一定的适宜范围，再将混合胶液混入，充分循环。待循环均匀后，再根据全套性能适当补加各种处理剂。

4. 维护要点

(1) 适宜的膨润土含量是聚磺钻井液性能良好的关键，必须严加控制。

(2) 在深井（>3500m）、高温井和地层复杂的井，磺酸盐类降失水剂、降黏剂的数量必须加够；而在较浅和地层不太复杂的井，磺酸盐类处理剂的加量可适当少些，一部分可用常规的添加剂代替。

(3) 为使钻井液具有良好的携带和悬浮能力及进

一步提高其稳定井壁的能力，应以 1/50 或 1/100 水溶液的形式加入一定数量的胶凝剂 MMH。与 XC 相比，MMH 抗温性更强（> 200℃），且具有一定的稳定井壁的作用，价格也较低。

（4）当钻遇高压层使用高密度钻井液时，建议使用活性重晶石和活性铁矿粉加重，这样会使加重的钻井液有更好的流变性能，并可大大降低成本，因为这样可以节省大量的降黏剂、降失水剂和加重材料。

五、聚合醇钻井液体系

1. 应用范围

聚合醇钻井液体系是近年来应用较广泛的一类具有较强抑制性、较好润滑性、环保性能好的钻井液体系。国内外陆续成功使用的聚合醇类钻井液体系主要有聚合醇－硅酸钾体系、聚合醇－盐水体系、聚合醇－KCl 聚合物体系及聚合醇－聚磺体系等。主要用来应对地层失稳较严重的井段和对油层保护要求较高的地区，该类钻井液已在全球范围内广泛应用，可用于直井、定向井及水平井等各类井中，收到很好的稳定井眼和保护油层的效果。该类钻井液体系的独特性来源于聚合醇的性质。聚合醇是一系列非离子型表面活性剂的混合体，为低相对分子质量聚合物。它们是白色水溶性的类似牛奶一样的黏稠液体。这类聚合醇类化合物典型的特点是在低温下可与水互溶，但升到一定温度后，它们中的一部分会以小微珠的形式从水中析出，使溶液变得混浊不透明，该温度称为聚合醇的浊点 (cloud point, C.P.)。浊点现象是可逆的，即当温度降到浊点以下时，聚合醇又可重新全溶于水中。在井比较深、温度超过浊点的情况下，这些小微珠可以堵住地层的孔隙和裂缝，或沉积在井壁的泥饼上，其结果就使得聚合醇钻井液具有突出的稳定井壁、提高钻井液本身和井壁的润滑性能、减轻油气层伤害和降低稀释率的效应。钻井液中可单独使用一种聚合醇，也可多种聚合醇组合使用，其中聚乙二醇使用最为广泛。

2. 推荐配方

目前常用的聚合醇钻井液体系主要有两种，一种是聚合醇—KCl聚合物类，另一种是聚合醇－聚磺钻井液体系，该两种体系的基本配方如表5-6和表5-7所示。

表5-6　聚合醇-KCl聚合物类钻井液体系配方及主要性能

基本配方		可达到性能	
材料名称	加量，kg/m³	项目	指标
KPAM	2~3	密度，g/cm³	1.20~1.90
PHPA	1.0~2.5	漏斗黏度，s	40~80
NH₄-HPAN	5~8	塑性黏度，mPa·s	10~40
PAC	2.5~4	动切力，Pa	10~35
聚合醇	10~30	静切力，Pa	3~8/5~13
XC	2~4	API滤失量，mL	5~7
KCl	50~80	HTHP滤失量，mL	<12
		pH值	9~10.5
		含砂量，%	0.2

表5-7　聚合醇-聚磺钻井液体系配方及主要性能

基本配方		可达到性能	
材料名称	加量，kg/m³	项目	指标
KPAM	2~3	密度，g/cm³	根据需要
PAC-141	1~3	漏斗黏度，s	40~65
两性离子包被抑制剂	1~3	塑性黏度，mPa·s	12~28
NH₄-HPAN	3~5	动切力，Pa	5~16

基本配方		可达到性能	
材料名称	加量，kg/m³	项目	指标
SMP	15~25	静切力，Pa	1~5/3~8
磺化褐煤树脂	5~15	API滤失量，mL	3~6
SMT	15~30	HTHP滤失量，mL	<12
XC	1.5~3	pH值	9~10.5
聚合醇	10~30	含砂量，%	<0.5

3. 配制方法

聚合醇—KCl聚合物类钻井液体系和聚合醇—聚磺钻井液体系的配制方法分别与KCl—聚合物钻井液和聚磺钻井液相类似，待两种钻井液体系完全转换过来，并循环两至三周后再加入聚合醇处理剂。

4. 维护要点

(1) 在使用聚合醇前要搞清地层温度、岩性特点的相关资料，选取适宜浊点的聚合醇处理剂。

(2) 聚合醇与多数处理剂是兼容的，但在使用前最好做小型实验，根据配方加入处理剂。

(3) 在加入聚合醇后可能有起泡现象，此时可以稍稍加入一些消泡剂。

(4) 钻进过程中应不断补充聚合醇的量，确保其含量符合设计要求，进而维持钻井液的抑制和润滑性能。

六、硅酸盐钻井液体系

1. 应用范围

硅酸盐钻井液是水基钻井液中抑制性能较强的一种体系，该体系由于其流变性调节难度大，一度影响到它的推广应用。进入20世纪90年代后，随着对环保要求越来越严格,油基钻井液的使用受到限制。为了解决钻井过程中的井壁失稳问题,西方一些钻井液公司再次对硅酸盐钻井液进行了研究,同时提出了几种常用的硅酸盐钻井液体系,它们包括硅酸盐—硼凝胶钻井液、混合金属硅酸盐钻井液、植物胶—硅酸盐钻井液和硅酸盐–聚合物钻井液。上述几种钻井液各有特点,应用最多、最成功的要数硅酸盐—聚合物钻井液。我国在这方面也做了不少理论与应用上的研究,截至目前,已形成一套较成熟的低成本、易配制、性能稳定、环保型 KCl—硅酸钠钻井液体系,且已在现场进行了成功应用,取得了良好的效果,下面重点对该体系的基本情况进行介绍。

2. 推荐配方

组成 KCl—硅酸钠钻井液的主要处理剂包括三大类,即主抑制剂、降滤失剂和流型调节剂。该体系中采用硅酸钠作为主要抑制剂,KCl 起协同辅助抑制作用。选用 NAT20(一种改性天然高分子降滤失剂)、PAC(聚阴离子纤维素)和 JT–888 作为该钻井液的降滤失剂。常用三种处理剂来调节该钻井液体系的流变性,它们分别是 XC、高黏 PAC 和高黏 CMC。常用的配方如表 5–8 所示。

表5–8 KCl—硅酸钠钻井液体系配方及主要性能

基本配方		可达到性能	
材料名称	加量,kg/m³	项目	指标
KPAM	0.5~1	密度,g/cm³	1.05~1.85
硅酸盐	30~50	漏斗黏度,s	40~60
KCl	60~80	静切力,Pa	1~3/3~7
NAT20	10~20	滤失量,mL	4~8

基本配方		可达到性能	
材料名称	加量，kg/m³	项目	指标
PAC	4~6	pH值	11~13
XY-27	3~5	含砂量,%	0.2
XC	1~3		
JT-888	1~3		
重晶石	依需要而定		

3. 配制方法

(1) 配制前废弃多余的旧钻井液，彻底清洗钻井液罐。对配浆用水进行预处理，以除去 Ca²⁺、Mg²⁺。

(1) 配制前废弃多余的旧钻井液，彻底清洗钻井液罐。对配浆用水进行预处理，以除去 Ca^{2+}、Mg^{2+}。

(2) 往淡水中分别加入 KCl、Na_2CO_3 和 $NaHCO_3$。

(3) 往 KCl 盐水中加入黄原胶和低黏 PAC，为防止鱼眼的发生，加入处理剂时要缓慢。

(4) 用上述配好的 KCl—聚合物钻井液钻水泥塞。

(5) 水泥塞钻完后，边循环边加入 Na_2CO_3，将 Ca^{2+} 浓度降低至零，随后向体系中加入硅酸盐循环均匀即可。

4. 维护要点

(1) 钻井过程中应全面启动固控设备，振动筛、除砂器、除泥器应 100% 使用，离心机应尽可能开动，以充分净化钻井液。

(2) 主要使用 XY-27、PAC、XC、KCl 和硅酸钠等处理剂进行维护处理，聚合物应配成胶液均匀补充，防止性能出现大幅度波动，确保优良的钻井液流变性和较强的抑制性钻井液性能。

(3) 应定期补充 KCl 和硅酸钠，保持 KCl 含量 6%~8%，硅酸钠含量在 9%~11%。

(4) 硅酸钠所提供的页岩抑制程度随 pH 值增大而提高，将 pH 值维持在 11 以上是十分必要的。维持 pH 值对体系的性能和稳定性均至关重要。

(5) 特别值得注意的是，在钻进过程中应经常检测膨润土、硅酸钠及 KCl 的含量。每班至少要测量两次硅酸钠的含量，在钻遇黏土含量高的地层时，最好加密测点，使得它们的配比始终保持在所要求的范围内。

(6) 处理剂的加入顺序与整个钻井液体系的性能有很大关系。维护处理时要适时进行小型实验。

七、钙处理钻井液体系

1. 应用范围

钙处理钻井液是在使用分散型钻井液的基础上，经过加入无机絮凝剂、降黏剂和降滤失剂而形成原一种具有较好抗盐、钙污染能力和对泥页岩水化具有较强抑制作用的一类钻井液。由于该体系中黏土颗粒处于适度絮凝的粗分散状态，又称为粗分散钻井液。目前常用的此类钻井液有四种，分别是石灰钻井液、石膏钻井液、氯化钙钻井液和钾石灰钻井液。该钻井液常常用于钻黏土含量较高、含盐膏地层或易发生钙侵的层位。下面重点介绍石灰钻井液和石膏钻井液的情况。

2. 推荐配方

(1) 石灰钻井液：石灰钻井液是以石灰作为钙源，其基本组成除适量的膨润土外，常用的处理剂有铁铬盐、单宁酸钠、CMC、石灰和烧碱等，其主要配方及推荐性能见表 5-9。

(2) 石膏钻井液：石膏钻井液是以石膏作为钙源，分别用铁铬盐和 CMC 作为稀释剂和降滤失剂，即可配成石膏钻井液，其主要配方及推荐性能见表 5-10。

表5-9 石灰钻井液体系配方及主要性能

基本配方		可达到性能	
材料名称	加量，kg/m³	项目	指标
石灰	5~15	密度，g/cm³	1.15~1.20
膨润土	70~120	漏斗黏度，s	25~30
铁铬盐	6~9	静切力，Pa	0~1/1~5
磺化栲胶	4~12	滤失量，mL	5~8
纯碱	4~7.5	HTHP滤失量，mL	<20
CMC	3~8	pH值	9~11
淀粉类衍生物	4~8	含砂量,%	0.5~1.0
PAC	3~8		

表5-10 石膏钻井液体系配方及主要性能

基本配方		可达到性能	
材料名称	加量，kg/m³	项目	指标
石膏	10~20	密度，g/cm³	1.15~1.20
膨润土	70~130	漏斗黏度，s	25~30
铁铬盐	10~17	静切力，Pa	0~1/1~5
磺化栲胶	6~15	滤失量，mL	5~8
烧碱	2~5	pH值	9~11
纯碱	4~6	含砂量,%	0.5~1.0
CMC	3~6		
重晶石	依情况而定		

3. 配制方法

（1）石灰钻井液经常是在原有分散型钻井液基础上经转化而成的。主要转化程序为：先向分散型钻井液中加入一定量的水以降低固相含量，然后加入石灰、烧碱和稀释剂，循环均匀即可。

（2）石膏钻井液的配制方法与石灰钻井液类似，也常常由分散型钻井液转化而来。转化时先加入适量配浆水，防止钻井液过稠，所需要的水量根据小型实验而定。然后一至两个循环周内依次加入烧碱、铁铬盐和石膏。待上述处理剂循环均匀后，再按循环周加入降滤失剂 CMC、PAC 等。

4. 维护要点

（1）掌握好几个关键指标，分别是滤液中 Ca^{2+} 的浓度、pH 值、储备碱度，一定要维持在设计范围内。

（2）当井底温度超过 135℃ 时，必须将石灰含量、钻井液碱度和固相含量降低，转化为低石灰低固相钻井液，防止高温固化现象出现。

（3）石灰钻井液可承受的盐侵约 50000mg/L。随着盐的侵入，钻井液的 pH 值降低，石灰溶解度提高，此时加大烧碱的用量，限制体系中 Ca^{2+} 的浓度，同时使用铁铬盐控制流变性。

（4）石膏钻井液在维护时，除应经常检测滤液中的 Ca^{2+} 含量和 pH 值外，还应注意将钻井液中游离的石膏含量控制在 $5 \sim 9kg/cm^3$ 的范围内。

（5）为取得满意的钻井液性能和要求达到的 Ca^{2+} 含量，应正确控制 pH 值、调节烧碱的加量和提供 Ca^{2+} 处理剂的加量（石灰、石膏和 $CaCl_2$）。不同类型的钙处理钻井液的 pH 值为：石灰钻井液 pH=11.0 ～ 12.0；石膏钻井液 pH=9 ～ 10.5。

八、甲酸盐钻井液体系

1. 应用范围

甲酸盐钻井液是近年来新兴的一种有机盐钻井液，常使用甲酸钠、甲酸钾或甲酸铯为主进行配制。由于该类盐溶液本身具有较高的密度，可以配制成固相含量少的高密度钻井液体系。甲酸盐的溶解性好，与常规处理剂配伍良好，环保性能好，常常用在层压力较高、容易水化分散的地层，对环保要求较高的地区，已在小井眼井、侧钻水平井和连续软管钻井等新技术中得到应用，并取得了非常显著的效果。这三种甲酸盐溶液的密度差别较大，如表5—11所示。

表5—11　各种甲酸盐溶液性能

甲酸盐	质量分数，%	密度，g/cm³	黏度，mPa·s	pH值
HCOONa	45	1.338	7.1	9.4
HCOOK	76	1.598	10.9	10.6
HCOOCs	83	2.37	2.8	9.0

2. 推荐配方

甲酸盐钻井液体系配方及主要性能见表5—12。

表5—12　甲酸盐钻井液体系配方及主要性能

基本配方		可达到性能	
材料名称	加量，kg/m³	项目	指标
甲酸盐	200~600	密度，g/cm³	根据需要而定
PAC	10~15	漏斗黏度，s	45~65
XC	5~10	静切力，Pa	1~5/3~10
KPAM	2~3	滤失量，mL	3~6
改性淀粉	4~6	pH值	10~12.5
乳化沥青	30~50	含砂量，%	0.2
SMP	20~40		
抗盐降滤失剂	10~30		
加重剂	视需要而定		

3. 配制方法

配制甲酸盐钻井液时通常都配成无固相钻井液，在配浆水中加入所需要量的甲酸盐（通常情况大于20%），然后在盐水中加入降滤失剂、流变性调节剂、固相封堵剂等，将体系的滤失量降低至 8mL 以下，循环均匀后即可用于钻进。

4. 维护要点

（1）甲酸盐钻井液含盐量较高，对常规不抗盐处理剂有削弱其功能的作用，所以在选用处理剂时，一定要注意其抗盐能力。

（2）由于甲酸盐钻井液多为无固相或低固相钻井液，为维持好它的各项性能指标，应及时将侵入的钻屑清除，防止性能变坏。

（3）为保持甲酸盐钻井液的密度，应适时监测和补充钻井液中的甲酸盐，使其达到要求的含量，并根据配方加足其他处理剂量。

（4）在该体系需要加重的情况下，最好使用 $CaCO_3$、$FeCO_3$ 等酸溶性材料进行加重，有利于保护油层。

九、可循环微泡钻井液体系

1. 应用范围

可循环微泡沫钻井液是一种密度可调（可在 0.60 ~ 0.99g/cm³ 范围内调节），可以在低压低渗储层实现近平衡或欠平衡钻井，其性能易控制，施工工艺简单，可以多次重复利用。常常用于常规钻井液无法维持钻进或需要在油层保护方面做特殊处理的情况下，该体系中配合使用其他处理剂，可以具有良好的抑制性和抗盐、抗钙能力，在国内外广泛应用。

2. 推荐配方

可循环微泡沫钻井液所用的处理剂有起泡剂、稳泡剂、降滤失剂和流型调节剂等，其基本配方见表5-13。

表5-13　可循环微泡钻井液体系配方及主要性能

基本配方		可达到性能	
材料名称	加量，kg/m³	项目	指标
膨润土	10~30	密度，g/cm³	0.60~1.02
XC	2~3	漏斗黏度，s	50~80
PAC-141	0.5~2	塑性黏度，mPa·s	12~28
起泡剂	15~25	动切力，Pa	7~16
抑制剂	10~20	静切力，Pa	1~3/3~17
降滤失剂	10~20	滤失量，mL	2~6
		pH值	9~10.5

3. 配制方法

可循环微泡沫钻井液配制工艺简单，不需要添加任何特殊的设备。一般均在钻至油层前，由聚合物钻井液转化而成。转化前调整好基浆性能，从上水罐中缓缓加入起泡剂、稳泡剂，同时打开低压钻井液枪，充分搅拌循环，然后再根据实际情况选择加入抑制剂、降滤失剂等。

4. 维护要点

（1）转化前加入0.01%的消泡剂，并开启除气器，去除钻井液中原存的一些气泡。

（2）钻进过程中，根据井口钻井液的密度、黏度、切力和微泡的大小，及时添加处理剂。

（3）充分利用钻井液循环罐上的搅拌器和钻井液枪将钻井液中的大泡变成微泡，维持钻井液泵较好的上水效率。

（4）在钻井过程中，使固控设备正常运转，以及时清除钻屑。

十、全油基钻井液体系

1. 应用范围

早在 20 世纪 20 年代，人们就开始使用原油作为钻井液来防止和减少各种井下复杂情况的发生，后来以此为基础，发展出油基钻井液体系。与水基钻井液相比，油基钻井液具有抗高温、抗盐钙侵、有利于井壁稳定、润滑性能好和对油气层伤害较小等特点，多用于钻高难度的高温深井、大斜度定向井、长水平段水平井，以及各种复杂地层，同时还可以用做射孔完井液、修井液、取心液和水基钻井液的解卡液等。全油基钻井液目前应用得较少，但它是钻井液发展过程中的一类重要钻井液类型，它有许多水基钻井液无法媲美的优点：（1）良好的井壁稳定和页岩抑制能力；（2）油气层伤害大大减少；（3）良好的润滑性和低的卡钻几率；（4）抗化学污染能力强；（5）高温下性能稳定；（6）用它所钻井的井径规则，起下钻和测井作业通畅无阻；（7）降低了对主要钻井设备的腐蚀程度等。当然，它也有一些缺点：（1）初始配制成本高；（2）对生态环境影响较大；（3）对人的皮肤和呼吸系统有刺激和危害；（4）油气显示监测和录井相对困难，对及时发现油层不利等。总之，它是一类重要的钻井液体系，曾得到广泛应用。

2. 推荐配方

油基钻井液的具体配方应根据拟钻井的工程和地质特点，所使用处理剂的种类和性质进行严格的室内实验，进而选定全油基钻井液的配方。表 5-14 是常规全油基钻井液的一种推荐配方。

表5-14 全油基钻井液体系配方及主要性能

基本配方		可达到性能	
材料名称	加量，kg/m³	项目	指标
柴油	1m³	密度，g/cm³	按要求
亲油膨润土	20~40	表观黏度，mPa·s	40~80
氧化沥青	50~90	塑性黏度，mPa·s	25~45
亲油聚合物剂	20~30	动切力，Pa	5~15
辅助乳化剂	15~25	API滤失量，mL	<3
降滤失剂	10~20	HTHP滤失量，mL	<8
加重剂	根据需要	含水量，%	<7

3. 配制方法

（1）根据配制钻井液的数量取定量柴油加入到配浆罐中，然后将有机土直接加入到柴油中，搅拌1.5~2h，使之完全分散。

（2）在配制好的柴油有机土浆中，加入亲油性聚合物处理剂、氧化沥青等搅拌2h。

（3）为提高全油基钻井液的稳定性，在上述浆中再加入适量的乳化剂，必要时加入亲油性反絮凝剂，最后根据需要加入一定质量的加重材料即成。

4. 维护要点

（1）钻进时要防止水进入钻井液中，勤测量流变参数、滤失量、电阻率、含水量、破乳电压等全套性能参数，以保证其各项参数在设计范围之内，特别注意其含水量应一直低于7%。

（2）钻井过程中始终保持固控设备正常运转，防止钻屑在钻井液中过多积存。

（3）维护所用基油应选用芳香烃含量较低的柴油，最好是无毒矿物油；需选用亲油的有机聚合物或胶质类处理剂作为降滤失剂；使用有机土提高动切力，必要时添加亲油的反絮凝剂降低黏切。

十一、油包水乳化钻井液体系

1. 应用范围

油包水乳化钻井液是目前应用最广泛的一种油基钻井液，它以水为分散相、油为连续相，并添加适量的乳化剂、润湿剂、亲油胶体和加重剂等所形成的稳定的乳状液体系。与全油基钻井液一样，多用于钻高难度的高温深井、大斜度定向井、长水平段水平井，以及各种复杂地层。

2. 推荐配方

油包水乳化钻井液配方的组成变化较大，国内外各钻井液公司都根据具体的地层情况和实际问题，通过大量的室内实验进行确定。一种优质的油包水乳化钻井液配方是在对各种组分优化组合的基础上形成的。配方优化设计的基本原则如下：

（1）要有很强的针对性。例如，用于钻高温深井时，油水比必须相应较高，且要选用耐高温的乳化剂和润湿剂；用于钻泥页岩严重井塌层时，应选用活度平衡的配方；而对环保要求严格的海上或其他地区，则必须选择以低毒或无毒矿物油作为基油的配方。

（2）应满足地质、钻井工程和保护油气层对钻井液各项性能指标的要求。如高温深井条件下，在配方中必须有足量的抗高温的亲油胶体，保证钻井液有较强的携岩能力；若欲提高钻速，可使用不含沥青类产品的低胶质油包水乳化钻井液配方，适当放宽滤失量；而钻油气层时，则应严格控制滤失量，且不宜使用亲油性较强的表面活性剂。

（3）原材料来源较容易，配制成本相对较低。表5-15～表5-18是几种国内外常用的油包水乳化钻井液配方。

表5-15 油包水乳化钻井液体系配方及主要性能 (1)

基本配方		可达到性能	
材料名称	加量, kg/m³	项目	指标
有机土	20~30	密度, g/cm³	0.90~2.00
主乳化剂 环烷酸钙 或油酸 或石油磺酸铁 或环烷酸酰胺	20左右 20左右 100左右 40左右	漏斗黏度, s	30~100
		表观黏度, mPa·s	20~120
		塑性黏度, mPa·s	15~100
		动切力, Pa	2~24
		静切力, Pa	0.5~2/0.8~5
辅助乳化剂 Span-80 或ABS 或烷基苯磺酸钙	20~70 20左右 70左右	API滤失量, mL	<5
		HTHP滤失量, mL	<10
		pH值	10~11.5
		含砂量, %	<0.5
石灰	50~100	泥饼摩阻系数	<0.15
CaCl₂	70~150	破乳电压, V	460~1500
油水比	85~70/15~30		
氧化沥青	视需要而定		
加重剂	视需要而定		

表5-16 油包水乳化钻井液体系配方及主要性能 (2)

基本配方		可达到性能	
材料名称	加量, kg/m³	项目	指标
有机土	30	密度, g/cm³	0.90~2.18
石油磺酸铁	100	漏斗黏度, s	80~100
Span-80	70	表观黏度, mPa·s	90~120
腐殖酸酰胺	30	塑性黏度, mPa·s	35~100
石灰	90	动切力, Pa	20~30
NaCl	160	静切力, Pa	2.5~8/5~20
CaCl₂	150	API滤失量, mL	<4

续表

基本配方		可达到性能	
材料名称	加量，kg/m³	项目	指标
KCl	50	HTHP滤失量，mL	<8
0#柴油/水	70/30	pH值	10~11.5
加重剂	视需要而定	含砂量，%	<0.5
		泥饼摩阻系数	<0.12
		破乳电压，V	470~550

表5-17　油包水乳化钻井液体系配方及主要性能（3）

基本配方		可达到性能	
材料名称	加量，kg/m³	项目	指标
有机土	40	密度，g/cm³	0.94~0.97
Span-80	30	漏斗黏度，s	45~72
环烷酸酰胺	20	塑性黏度，mPa·s	22~31
油酸	20	动切力，Pa	6.5~10
磺化沥青	25	静切力，Pa	2~4/5~9
氧化沥青	25	API滤失量，mL	<1
石灰	80	HTHP滤失量，mL	<3
NaCl（溶液50%）	10	pH值	9~9.5
CaCl₂（溶液50%）	100	含砂量，%	<0.5
加重材料	视需要而定	破乳电压，V	2000

表5-18　低毒油包水乳化钻井液典型配方（4）

基本配方		可达到性能	
材料名称	加量，kg/m³	项目	指标
油水比	90/10	密度，g/cm³	1.92
主乳化剂	10	塑性黏度，mPa·s	77
辅助乳化机	24.2	动切力，Pa	12.9

续表

基本配方		可达到性能	
材料名称	加量，kg/m³	项目	指标
润湿剂	6.28	凝胶强度，Pa	10.1/14.4
30%CaCl₂溶液	11.1	破乳电压，V	2000
石灰	28.5	HTHP滤失量，mL	3.7
有机土	20		
重晶石	1266.7		
滤失控制剂	28.5		

3. 配制方法

(1) 洗净并准备好两个混合罐。

(2) 用泵将配浆用基油打入 1 号罐内，按预先计算的量加入所需的主乳化剂、辅助乳化剂和润湿剂。然后进行充分搅拌，直至所有油溶性组分全部溶解。

(3) 按所需的水量将水加入 2 号罐内，并让其溶解所需 CaCl₂ 量的 70%。

(4) 在钻井液枪等专门设备强有力的搅拌下，将 CaCl₂ 盐水缓慢加入油相。最好是在 3.45 MPa 以上的泵压下，通过 1.27cm 的钻井液枪喷嘴对钻井液进行搅拌。若泵压达不到 3.45 MPa，则应选用更小喷嘴，并降低加水速度。

(5) 在继续搅拌下加入适量的亲油胶体和石灰。当乳状液形成后，应全面测定其性能，如流变参数、pH 值、破乳电压和 HTHP 滤失量等。

(6) 如性能合乎要求，可加入重晶石以达到所要求的钻井液密度。加重晶石的速度要适当（以每小时加入 200 ~ 300 袋为宜）。如重晶石被水润湿，会使钻井液中出现粒状固体，这时应减缓加入速度，并适当增加润湿剂的用量。

（7）当体系达到所需的密度后，加入剩余的粉状$CaCl_2$，最后再进行充分搅拌。

4. 维护要点

（1）油基钻井液的固控工作非常重要，应尽可能使用 200 目的筛网，将固相含量控制在最低范围。

（2）保护良好的乳化稳定性，只要乳化稳定性维护得好，油基钻井液的各项性能指标就会满足钻井施工要求。

（3）油包水乳化钻井液体系的活度平衡，是对付强水敏复杂地层最为有效的办法。因为唯有这种钻井液能完全阻止外来液体侵入地层。

（4）经常测定其流变参数、滤失量、油水体积比、破乳电压、抗温稳定性和水相化学活度等性能。根据测出的性能和设计值之间的偏差，进行室内试验，确定处理方案。

十二、合成基钻井液体系

1. 应用范围

随着对环保要求的进一步提高，对钻井液的排放要求也日益严格，在环境敏感地区施工时，油基钻井液受到限制。为了彻底解决油基钻井液对环境的污染问题而保留其优良特性，经过研究，推出了合成基钻井液，该钻井液无毒、可生物降解、对环境无污染，已在海洋钻井和环境要求严格的陆上地区广泛应用。由于该体系的润滑性良好，在大斜度井和水平井中也得到应用。

2. 推荐配方

合成基钻井液的配方与传统的矿物油基钻井液类似，加量也大致相同。它是以人工合成或改性有机物（合成基液）为连续相，盐水为分散相，再加上乳化剂、有机土和石灰等组成。不同钻井液公司对合成基钻井液的命名各不相同，表5-19和表5-20分别是贝劳德公司和M-I公司的合成基钻井液典型配方和性能。

表5-19 贝劳德公司的酯基钻井液典型配方及性能

基本配方		可达到性能	
材料名称	加量	项目	指标
酯类	0.65 m³	密度，g/cm³	1.55
水生动物油乳化剂	36.5 kg	塑性黏度，mPa·s	54
有机土	6.3 kg	动切力，Pa	13
HTHP降滤失剂	31.9 kg	凝胶强度，Pa	9/13
82%CaCl₂溶液	35.4 kg	破乳电压，V	990
石灰	4.3 kg	HTHP滤失量，mL	2.4
降黏剂	5.9 kg		
重晶石	796 kg		
流型控制剂	1.1 kg		
淡水	0.13 m³		

表5-20 M-I公司的PAO钻井液典型配方及性能

基本配方		可达到性能	
材料名称	加量	项目	指标
PAO基液	0.62 m³	塑性黏度，mPa·s	29
乳化剂	17.1 kg	动切力，Pa	9
有机土	5.7 kg	凝胶强度，Pa	7.5/19.5
CaCl₂溶液	92.1 kg	破乳电压，V	1840
石灰	22.8 kg	HTHP滤失量，mL	5.6
重晶石	475 kg		
流型控制剂	5.7 kg		
淡水	0.21 m³		

3. 配制方法

合成基钻井液从本质来说是一种油基钻井液，只是它用合成基油来代替常规油基钻井液中使用的普通基础油配制而成。其配制方法与常规的油基钻井液相似，其维护方法也与常规油基钻井相同，在此不再重复。

第六章 钻井液的固相控制

第一节 固相控制的基本原理

一、钻井液中固相物质的分类

钻井液中固相物质的分类方法很多,如按其密度可分为高密度固相和低密度固相,高密度固相主要指密度为 $4.2g/cm^3$ 的重晶石,以及其他密度更高的加重材料,低密度固相则指膨润土、钻屑和一些不溶的处理剂。按其性质可分为活性固相和惰性固相,活性固相是指那些容易发生水化作用或与液相中其他组分发生反应的固相,惰性固相则不发生上述反应。按其作用可分为有用固相和无用固相,其中有用固相,如膨润土、加重材料及非水溶性或油溶性的化学处理剂,在钻井液中起积极作用,是构成钻井液基本性能不可或缺的成分;而无用固相,如钻屑、劣质土和砂粒等,在钻井液中常常起消极作用。实践证明,过量的无用固相是破坏钻井液性能、降低钻速并导致各种井下复杂情况的最大隐患。

固相控制就是要把有用固相保留,尽可能地清除无用固相。正确有效的固控措施,可以降低钻井扭矩和摩阻,减少环空抽吸的压力波动,减少压差卡钻的可能性,提高钻进速度,延长钻头寿命,减轻设备磨损,改善下套管条件,增加井壁稳定性,保护油气层和减少钻井液费用,因此钻井液固相控制是现场钻井液维护和管理工作中的重要环节。

二、常用的固相控制方法

钻井液固相控制有多种不同的方法，常见的有稀释法、替换法、大池子沉淀法、化学絮凝法和机械法等。

稀释法是指用清水或其他较稀的流体直接加入循环系统内，实现稀释钻井液固相的一种方法。该方法操作简便，见效快。但在加水的同时，必须补充足够的处理剂。如果是加重钻井液还需要补充大量重晶石或其他加重材料，进而增加钻井液的成本。为了节约成本，一般在稀释时应遵循如下原则：(1) 稀释后的钻井液总体积不宜过大；(2) 部分旧浆的排放应在加水稀释前进行，避免边加水边排放；(3) 采取一次性多量稀释的方式进行，避免多次少量稀释产生高的成本。

替换法是指用清水或新配制的低固相钻井液替换部分老浆，进而实现降低无用固相含量的一种方法。该方法在本质上也是稀释法的一种，但它可减少清水和处理剂用量，成本相对稀释法稍有节约。

大池子沉淀法是指钻井液由井口返出后直接流入大循环池，不经过循环罐，利用在大池子中流速急剧降低，促使无用固相沉淀的一种方法。因钻井液流动速度变得很慢，加上固体与液体有密度差，钻屑在重力作用下会从钻井液中沉淀分离出来。这种方法对稳定地层的清水钻进井段，特别是使用不分散无固相钻井液时效果很好。但当钻井液黏度较大（如大于 35s），特别是具有较高切力时，颗粒自动下沉速度便显著变慢，在它们尚未下沉至池底就冲离大池子进入上水池，无法实现有效清除固相的目的，故该方法有较大的局限性。

化学絮凝法是在钻井液中加入适量的絮凝剂（如部分水解聚丙烯酰胺），使某些细小的固体颗粒通过絮凝作用聚结成较大颗粒，然后用机械方法排除或在循环罐中沉除。目前广泛使用的不分散聚合物钻井液体系正是依据这种方法，使其总固相含量保持在所要求的 4% 以下。化学絮凝法还可用于清除钻井液中过量的膨润土，当钻井液中有一定含量的絮凝剂时，有助于维持钻井液中一定的膨润土含量。

机械法是目前应用最广泛、处理时间短、效果好且成本低的固相控制方法。目前现场采用的钻井液固相分离设备有振动筛、除砂器、除泥器、离心分离机等。

第二节　固相控制设备介绍

一、振动筛

钻井液用振动筛是钻井液固控系统的第一级固控设备，它通过机械振动将大于网孔的固体和通过颗粒间的黏附作用将部分小于网孔的固体筛离出来。从井口返出的钻井液流经振动着的筛网表面时，固相从筛网尾部排出，含有小于筛孔固相的钻井液透过筛网流入循环系统，从而完成对较粗固相颗粒的分离作用。振动筛由筛架、筛网、激振器和减振器等部件组成，按振动的方向分为两种，即直线型振动筛和平动椭圆振动筛，分别如图 6-1 和图 6-2 所示。

图6-1　直线型振动筛

图6-2　平动椭圆振动筛

　　振动筛安装调试时，应严格按照说明书进行操作。由于筛机的底座和筛框是通过弹簧连接的，因此在运输时通过运输支撑牢固筛机上半部。在进入安装现场后，应将运输支撑取下来。严禁未取运输支撑试机。振动电动机及筛机内的电缆线经受着剧烈的振动，为安全起见应接标准地线。闭合电源开关，空运转 20 ～ 30min，电动机一般情况下应为逆时针方向运转，如方向不对，请调整三相电源。筛机不得有异常声音，如有异常声音，应迅速关机进行检查，异常声音一般是由紧固部分松动造成的。特别是在运输和分解后再组装时造成，要十分注意各部分的紧固。筛机在启动和停机时有瞬间的共振区（1 ～ 3s），此时振幅和噪声会明显增大，属正常现象。

　　振动筛具有最先、最快分离钻井液固相的特点，担负着清除大量钻屑的任务，所以在使用过程中应特别注意日常的检查和保养：（1）仔细检查筛机各个结合处的紧固螺栓有无松动；（2）设备运转时要经常加油，每周加油两次；（3）筛网是否张紧，网面是否破损，如有破损及时换网；(4) 选择网孔尺寸必须合适，使钻井液覆盖筛网总长度达 70% ~ 80%；(5) 安装水管线，经常冲洗，防止堵塞筛网孔眼；(6) 每 3 个月要进行一次小修和维护，6 ~ 12 个月进行一次大修，检修时要检查电动机，各紧固件有无松动，拆开振动器清洗检查轴承，油封，磨损严重应更换。

二、除砂器

除砂器是用于钻井液固相控制系统中的二级固控设备，是旋流器与振动筛的组合体，主要由振动筛、分流管汇、旋流器等组成，见图 6-3。

图6-3　钻井液用除砂器

旋流器是一种带有圆柱部分的立式锥形容器，锥体上部的圆柱部分为进浆室，其内径即为旋流器的规格尺寸，侧部有一切向进浆口，顶部中心有一涡流导管，构成溢流口。在压力作用下，含有固体颗粒的钻井液由进浆口沿切线方向进入旋流器。在高速旋转的过程中，较大较重的颗粒在离心力的作用下被甩向器壁，沿壳体螺旋下降，由底流口排出。这样在旋流器内就同时存在两股呈螺旋流动的流体，一股是含有大量粗颗粒的液流向下做螺旋运动，另一股携带较细颗粒连同中间的空气柱一起向上做螺旋运动。这样就可以实现对液体中固相颗粒进行分离的目的。除砂器处理钻井液的步骤分两步：第一步是旋流器将钻井液分离成低密度的溢流和高密度的底流，其中的溢流返回到钻井液循环系统内，底流落在旋流器下方的细目振动筛上；第二步是细目振动筛再将高密度的底流分成两部分，一部分是重晶石和其他小于网孔的颗粒透过筛网，另一部分是大于网孔的颗粒从筛网上被排出。

　　旋流器的分离能力与其尺寸有关，用于除砂器的旋流器直径通常为150~300mm，在其输入压力为0.2MPa时，各种型号的除砂器处理钻井液的能力为20~120m³/h。为提高使用效率，在选择其型号时，对钻井液的许可处理量应该是钻井时最大排量的1.25倍。除砂器的分离效果受其输入压力影响较大，表6-1是不同密度钻井液需要的输入压力值。

表6-1　钻井液密度与除砂器工作压力对照关系

钻井液密度 g/cm³	1.0	1.08	1.20	1.32	1.44	1.56	1.68	1.80	1.92	2.04
工作压力 MPa	0.22	0.24	0.26	0.29	0.32	0.34	0.37	0.40	0.42	0.45

　　在日常维护时应注意：除砂器在理想工况下，底流喷溅角介于20°～30°，否则应进行调整。除砂器每次停泵后，应空载运转5～10min，同时用少量清

水把筛网冲洗干净。特别是在钻井液黏度大，使用细筛网时，更应这样做，否则待筛网上黏滞物及细砂干后，将堵住筛网孔眼，影响处理效果。除砂器累计运转 4000h 时应检查或更换旋流器的壳体，上锥筒等易损件。

三、除泥器

除泥器是钻井液固相控制系统中的三级固控设备，它与除砂器一样，也是旋流器与振动筛的组合体，唯一的区别在于其旋流器的直径比除砂器小。其结构主要由振动筛、分流管汇、旋流器等组成，见图 6-4。

图6-4　钻井液用除泥器

其工作原理与除砂器相同，只是其旋流器直径通常为 100~150mm，在其输入压力为 0.2MPa 时，其处理能力不应低于 $10\sim15m^3/h$。为提高使用效率，在选择其型号时，对钻井液的许可处理量应该是钻井时最大排量的 1.25 ～ 1.5 倍。除泥器的分离效果亦受其输入压力影响，表 6-2 是 4″ 旋流器处理不同密度钻井液需要的输入压力值。

表6-2　钻井液密度与除泥器工作压力对照关系

钻井液密度 g/cm³	1.0	1.08	1.20	1.32	1.44	1.56	1.68	1.80	1.92	2.04
工作压力 MPa	0.22	0.24	0.26	0.29	0.32	0.34	0.37	0.40	0.42	0.45

在日常维护时应注意：除泥器在理想工况下，底流喷溅角介于20°～30°，否则应对其喷嘴进行调整。除泥器每次停泵后，应空载运转5～10min，同时用少量清水把筛网冲洗干净。特别是在钻井液黏度大，使用细筛网时，更应这样做，否则待筛网上黏滞物及细砂干后，将堵住筛网孔眼，影响处理效果。除泥器累计运转4000h时应检查或更换旋流器的壳体、上锥筒等易损件。

四、钻井液除砂除泥一体机

钻井液除砂除泥一体机是近几年出现的固相设备，是原来的除砂器和除泥器的统一体。它用于钻井液固相控制系统中的二、三级固控设备，由旋流除砂、泥器与振动筛组合而成（图6-5）。

图6-5　钻井液除砂除泥一体机

钻井液除砂除泥一体机工作可靠维护方便，可有效清除悬浮在钻井液中大于 30μm 的固相颗粒，实现加重钻井液中的重晶石回收和非加重钻井液的使用要求，稳定钻井液性能，提高钻井效率，降低钻井成本。其维修和保养方法与除砂器和除泥器相同。

五、离心机

钻井液用离心机（图6-6）是沉降式离心机的一种，属处理钻井液的四级固控设备，是唯一能够从分离的固相颗粒上清除自由水的钻井液固控设备，它可以将液相损失降低到最小程度。它主要由进液管系统、转鼓、螺旋推进器、机罩、差速器、主电动机、控制系统、机座、机架、排渣斜斗、排液斗等部件组成。

图6-6　钻井液用离心机

当要分离的钻井液经进料管、螺旋出口进入转鼓后，高速旋转的转鼓产生强大的离心力把比液相密度大的固相颗粒沉降到转鼓内壁，由于螺旋和转鼓的转速不同，二者存在相对运动（即转速差），利用螺旋和转鼓的相对运动把沉积在转鼓内壁的固相推向转鼓小端出口处排出，分离后的清液从离心机的另一端排出，进而实现固液分离的目的。

钻井液离心机液圈中的固相颗粒所受的离心力与

自身重力的比值称为离心机的分离因素，分离因素大的离心机可以从钻井液中分离出更细的颗粒，钻井液离心机根据分离因素的大小可分为下列三种类型。

（1）低速离心机：亦称为重晶石回收型离心机。它的分离因素为 500～700，对于低密度固相，它的分离点为 6～10μm；对于高密度固相，分离点为 4～7μm。这种离心机主要用来回收重晶石。

（2）中速离心机：离心机的分离因素为 800 左右，可分离 5～7μm 的固相，用于清除钻井液中的有害固相，控制钻井液相对密度和黏度，这是目前钻井队使用最多的离心机。

（3）高速离心机：高速离心机的分离因素为 1200～2100，分离点 2～5μm，用于清除有害固相，控制钻井液黏度，一般与低速离心机串联使用组成双机系统。在此系统中，低速离心机放在第一级，它分离出的重晶石排回钻井液罐中以回收重晶石，它排出的液体先排入一个缓冲罐中，再用泵把缓冲罐中的液体送入高速离心机中，高速离心机分离出的固体排出罐外，液体回到循环系统中，采用"两机"系统既可以有效清除有害固相，又可以防止大量浪费重晶石，国外已普遍采用此系统，国内也已开始配备此系统。

使用时应注意以离心机制造商产品铭牌上要求的最大流量的 30%～70% 作为离心机的进液量，可以最大限度地分离固相。在给定的钻井液系统和固相分布中，须应用现场经验决定最大固相分离的离心机进液量。该机内有高速旋转部件，应严格按照说明书进行操作，避免误操作损坏机器。

第三节 循环系统的配备和安装要求

(1) 钻井液槽。

钻井液槽的规格一般为：长 × 宽 × 高 = (30~40) m × 0.7m × 0.4m，罐与罐中间连接槽的坡度均为1%，前罐高于后罐。其中高架槽的长度为10m左右，坡度为3%，即井口比 1# 罐上方的振动筛高 30cm 左右。

(2) 钻井液循环罐。

一般至少配备5个罐，每个罐的容积为 20~50m³ 不等。所有的循环罐（除沉砂罐外）都应采用机械式搅拌器，机械式搅拌器应根据制造商的要求选择适当尺寸并安装正确。

(3) 固相控制设备应按顺序排列，依现场具体情况进行选择性安装，每个设备不都是必需的（具体的配置参见附录一）。现场应参照下列顺序安装：(1) 对于非加重钻井液，振动筛→除气器→除砂器→除泥器→离心机；对加重钻井液，振动筛→除气器→钻井液清洁器→离心机。具体固控设备布置图参见图6-7和图6-8。

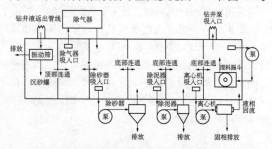

图6-7 非加重钻井液固控设备布置图

* 使用除气器时，顶部连通；不使用除气器时，底部连通

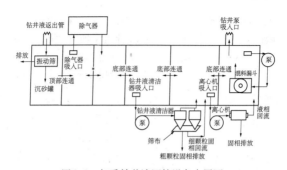

图6-8　加重钻井液固控设备布置图

* 使用除气器时，顶部连通；不使用除气器时，底部连通

（4）钻井液、水储备罐。

配备 2~4 个储备罐，每个罐的容积为 35~40m³ 不等，用于储备水和钻井液。

（5）在循环罐安装前，应用水平仪检查循环罐基础是否符合要求，以井口为参照，按平面布置图依次将所有部件就位，钻井泵吸入口对应的上水罐口中心左右偏差不大于 50mm。

（6）罐上的搅拌器、钻井液枪等配件必须齐全、完整。

（7）梯子、栏杆、花栏走道、电动机护罩等固定牢靠。

（8）各阀门、开关、罐间过渡槽应安装牢靠，管线畅通，罐间过渡槽用垫塞缝，各缝不得渗漏。各中压、低压管线及暖气管线，不得串线。各排砂门用半罐清水试验不漏为合格。

（9）低压、高压管线扫线后，分别用清水试压 3MPa，保持 15min，压力下降不超过 0.05MPa 为合格。

（10）大循环池堤与罐间距离为 1.5~2m，大循环池容积为 200~500m³。

(11) 两台振动筛平稳牢固，灵活好用。除砂器、除泥器、离心机、耐酸泵、搅拌机、加重泵等应平稳牢固，达到不擦不碰，无异常响声和气味。

(12) 低压管汇、混合漏斗要配装齐全、灵活好用。

第七章　应对井下复杂情况的钻井液技术

第一节　井壁失稳

井壁失稳是钻井过程中经常遇到的井下复杂情况之一，严重影响地质资料的录取、钻进速度、质量及成本；对于勘探井来说，还会因井壁失稳而无法钻达目的层，延误勘探开发的进程，影响其经济效益。为此，认识井壁失稳的现象、搞清导致地层失稳的主要原因，进而确定应对井壁失稳的技术措施十分重要。

一、井壁失稳的主要现象

井塌是钻井过程中井壁失稳的一类主要现象，主要包括：（1）返出的钻屑尺寸增大，数量增多且混杂；（2）泵压突然增高且不稳定，严重时会有憋泵现象，有时也会有憋漏地层，伴随井漏发生；（3）扭矩增大，蹩钻严重，转盘打倒车；（4）上提钻具遇卡，上放钻具遇阻，接单根、下钻下放不到井底，需要大段划眼，严重时会发生卡死钻具或无法划至井底；（5）井眼扩大严重，测井仪器无法下至井底。

缩径是另一类常见的井壁失稳现象，主要包括：（1）起下钻时在同样的井段遇阻，需要接方钻杆或顶驱开泵划眼方可通过；（2）钻进过程中会有中等扭矩增大、蹩钻等现象；（3）井眼发生闭合，同时常伴有泥包钻头的现象发生。

二、井壁失稳的主要原因

井壁失稳的实质是力学不稳定，当井壁岩石所受的应力超过其本身的强度时，就会发生井壁不稳定。导致此不稳定的原因非常繁杂，归纳起来有三类主要原因，分别是力学因素、物理化学因素和钻井工艺技术措施因素，后两类作用的最后结果也是通过力学因素表现出来。

就力学因素来说，可归纳为以下几个方面：(1) 钻进坍塌地层时钻井液密度低于地层坍塌压力的当量钻井液密度；(2) 井喷或井漏导致井筒中液柱压力低于地层坍塌压力；(3) 钻井液密度过低不能控制岩盐层、含盐膏软泥岩和高含水软泥岩的塑性变形；(4) 起钻时的抽吸作用造成作用于井壁的钻井液压力低于地层坍塌压力；(5) 钻井液密度过高。

就物理化学因素来说，造成井壁失稳有两个大的方面：(1) 地层的岩性组成，其中的黏土矿物种类和含量对井壁稳定性有较大影响；(2) 侵入地层内的钻井液滤液的性质与总量。

就钻井工艺技术措施来说，造成井壁失稳的因素有下列五个方面：

(1) 井内压力激动过大。起下钻速度过快、钻井液静切力过大、开泵过猛等均可以导致压力激动过大；

(2) 井内液柱压力大幅降低，起钻过程中没有及时灌浆可能会造成液柱压力大幅降低；

(3) 钻井液对井壁的冲刷作用。对于破碎性地层来说，若钻井液的环空返速过高，则对井壁的冲刷力有可能超过被钻井液浸泡后的岩石强度，进而导致井壁坍塌。

(4) 井身质量不好。如井眼方位变化大、狗腿度过大，易造成应力集中，加剧井塌的发生。

(5) 对井壁过于严重的机械碰撞。

三、稳定井壁的技术对策

（1）选用合理的钻井液密度，保持井壁力学稳定。

为了保持井壁的稳定，必须依据所钻地层的坍塌压力与破裂压力来确定钻井液密度，保持井壁处于力学稳定状态，防止井壁发生坍塌和塑性变形。由于地质因素造成的井壁不稳定，通常用于提高钻井液密度，以较高的液柱压力来平衡井壁岩层侧压力来解决。若地层破碎严重，仅提高钻井液密度也不会奏效时，可用于提高钻井液的封堵性能，同时用高屈服值和大动塑比的钻井液进行钻进和循环。

（2）优选防塌钻井液类型与配方，用物理化学方法阻止或抑制地层的水化作用。

采用物理化学方法来阻止或抑制地层的水化作用的主要技术措施有：①提高钻井液的抑制性；②用物理化学方法封堵地层的层理和裂隙，阻止钻井液滤液进入地层；③提高钻井液对地层的膜效率，降低钻井液活度使其等于或小于地层水的活度；④提高钻井液滤液的黏度，降低钻井液高温高压滤失量和滤饼渗透率，尽量减少钻井液滤液进入地层的量等。

上述措施可以通过优选钻井液类型和配方来实现。

目前常用的防塌钻井液有：油基（或油包水）钻井液、盐水或饱和盐水钻井液、KCl（或 KCl 聚合物）钻井液、钙处理钻井液、聚合物（包括聚丙烯酰胺、钾铵基聚合物、两性离子聚合物、阳离子聚合物、聚磺）钻井液、硅基（或稀硅酸盐）钻井液以及聚合醇（或多元醇）钻井液等。

（3）钻井工程上也应采取相应的技术措施，主要包括：①确定合理的井身结构与井下钻具结构；②选择合理的泵排量，根据地层特点确定环空流型与返速；③起下钻和开泵不要过快过猛，钻具尽量保持在张力下工作,以减少钻头、钻具对井壁的剧烈撞击和避免产生压力激动,同时要防止钻头泥包和起钻时抽吸;④提高钻井速度,缩短建井周期,减少钻井液浸泡时间,同时保持钻井液性能均匀稳定,严禁钻井液性能大幅度变化。

四、井壁坍塌的处理技术

钻井过程中尽管已采取了相应的防塌措施,但仍不可避免地出现不同程度的井壁不稳定现象。若井塌一旦发生,通常采用如下处理措施:

(1)提高钻井液黏度和切力,适当提高密度,控制低滤失量,以小排量循环洗井或钻井,使环形空间的钻井液呈平板型层流,将塌块或岩屑带出。

(2)井塌现象好转时可对现用的防塌钻井液进行优化。

(3)井塌严重、塌块尺寸很大时,在保持环形空间层流的状态下加大钻头水眼,使用高泵压和适当排量洗井,以便将坍塌的大块岩屑带出地面。洗井时可用高分子聚合物配制一定量(20~30m³)的高切力、高黏度钻井液清扫井底钻屑。

第二节　井　漏

井漏是钻井作业中常见的一种井下复杂情况,它可以发生在浅、中及深地层中,而且在各类岩性的地层中均可能发生。井漏一旦发生,不仅延误钻井时间、损失钻井液、干扰地质录井工作,而且还可能引起井塌、卡钻,甚至井喷等一系列复杂现象,所以对井漏的认识和处理非常重要。

一、井漏主要现象

当返出井口的钻井液量比泵入井内的钻井液量明

显减少时，即说明发生了井漏。常见的有如下几种现象：

（1）正常循环情况下，钻井液井口返出的数量明显减少，严重时只进不出。此现象多发生在钻时明显变快或钻具突然放空的情况下。

（2）钻井液上水池的液面下降很快，甚至很快抽干而中断循环。

（3）泵压明显下降。漏失越严重，泵压降低越显著。

二、井漏的主要原因

1. 天然地质条件形成的漏失

（1）成岩性质。颗粒大、胶结性差且结构松散的砂层、流砂层和砾石层等，由于其孔隙大，渗透率高，易发生渗透性漏失。

（2）地质构造。地层在形成构造的过程中，受地壳运动的影响，易产生裂纹、裂缝、断层、断裂带、破碎带和溶洞等，因此易发生井漏。在地层岩石形成的过程中所产生的层理、节理也易发生井漏。此外，碳酸盐岩（如石灰岩、白云岩等）地层，由于地下水长期溶解而产生溶洞，会发生溶洞性漏失。

2. 钻井液性能不合适造成的井漏

若钻井液密度太大，井内液柱压力过大，易压漏地层；钻井液黏度、切力太大，沉砂困难，致使钻井液密度大，也易引起井漏。

3. 钻井工艺不当造成的井漏

下钻速度太快或下钻后开泵过猛，易产生压力激动将地层压裂，致使井漏；若在易漏地层开泵，且排量大、泵压高，同样易引起井漏。

三、井漏的对策

对付井漏应坚持以防为主的原则，尽可能避免因人为因素引起的井漏，常见的预防井漏的主要措施有以下几种：(1) 设计合理的井身结构，用套管封隔高压层或漏失层；(2) 降低井筒中钻井液的循环当量密度；(3) 提高地层的承压能力。钻井生产中常常通过预先在钻井液中加入适量的堵漏材料，达到提高地层承压能力的目的。

当钻井或完井过程中发生井漏时，就应该立即采取相应措施进行堵施工，在施工时应遵循以下处理井漏的规程：

(1) 分析井漏发生的原因，确定漏层位置、类型及漏失的严重程度。

(2) 施工前要进行科学的施工设计方案，并精心按设计方案施工。

(3) 如果条件许可，应尽可能强钻一段，确保漏层完全被钻穿，以免重复处理同样的问题，增加处理时间。

(4) 施工时如果能起钻，应尽可能用光钻具，下至漏层顶部。

(5) 使用正确的堵剂注入方法，确保 2/3 的堵剂进入漏层附近的井眼内。

(6) 施工过程中要不断地活动钻具，避免卡钻。

(7) 凡采用桥堵剂堵漏，要卸掉循环管线及泵中的滤清器和筛网等，以防止因堵塞而憋泵。

(8) 憋压试漏时要缓慢进行，避免造成新的漏失。

(9) 施工完成后，各种资料必须收集整理齐全、准确。

对于渗透性漏失的地层，应采取以下技术措施：

(1) 起钻静止。

当钻至不太严重的漏失地层时，可将钻头提至套管内或安全的井段。静止一段时间后，待其形成泥饼堵塞了漏失孔隙,再下钻至井底,若不漏则可继续钻进。

(2) 调整钻井液性能与钻井措施。

在保证不喷的前提下,可采用降低钻井液密度、调整流变参数和泵排量以及改变开泵措施等方法,以减少井筒内液柱压力和降低钻井液的冲刷作用。

(3) 快速钻穿漏失层。

在有大量钻井液补充的情况下,可以采取边漏边钻的方法,强行钻穿漏失层,使钻出的岩屑不断堵塞渗透孔隙,同时在井壁上形成泥饼而堵塞漏层。使用此法时,严禁在强行钻进过程中停止循环或钻进过程中发生钻井液供量不足,否则会出现更复杂的情况。

(4) 堵漏材料(或堵漏剂)。

用硅酸凝胶(水玻璃加到盐酸制成硅酸凝胶)、铬冻胶(将 HPAM 溶于水,加入重铬酸钠和亚硫酸钠)、酚醛树脂(苯酚与甲醛预缩聚)等堵漏材料,注入漏失地层后静置一段时间,将漏失层堵住。

对于裂缝或溶洞型漏失,应采取以下技术措施:

(1) 边漏边钻堵漏。

当有充足的钻井液或水源时,可使用高钻压、高转速、大排量实施有进无出的强行钻进,使大量岩屑随液流入裂缝,封堵漏层。当井口返出了钻井液,并且排量逐渐增大时,可使用正常钻井液逐渐恢复循环和正常钻进。使用此法要切实注意操作工艺,要环环紧扣,严防卡钻。

(2) 纤维性材料堵漏。

可用植物纤维(如短棉绒)或矿物纤维(石棉纤维)填充堵裂缝性地层或溶洞性地层。这些纤维性材料可悬浮在携带介质(如水、稠化水或钠土的悬浮体)中注入漏失地层,它们可在裂缝的窄部或溶洞的进出口堆叠成滤饼，将漏失地层堵住。

（3）颗粒性材料堵漏。

将植物性材料（如核桃壳、花生壳、玉米芯等）和矿物性材料（如黏土、硅藻土、珍珠岩、石灰岩等）粉碎至一定粒度后就可用做堵漏材料。当将这些堵漏材料注入漏失地层时，通过颗粒的桥接产生滞留，逐级封堵形成泥饼，将漏失地层堵住。

在漏失非常严重的地层，可采取注入水泥浆法、强行钻进下套管封隔漏层法等。

第三节　卡　钻

在钻井过程中，钻具在井下既不能转动又不能上下活动的现象称为卡钻。若在井塌、井漏、井喷和钻遇复杂地层时工艺技术措施不当，就可能导致卡钻。卡钻一旦发生，轻则延误钻井时间，重则使井报废，给钻井工程带来极大损失。

钻井过程中常见的卡钻有多种，与钻井液相关的卡钻主要有压差卡钻、沉沙卡钻、井塌卡钻、砂桥卡钻、掉块卡钻、缩径卡钻和泥包钻头卡钻等。

一、主要卡钻类型及现象

1. 黏附卡钻

黏附卡钻的发生频率最高，造成的损失最大。黏附卡钻发生后，钻具既不能转动，也不能上提下放，或者活动范围很小（钻具有伸缩性）。钻具虽不能活动，但钻井液可以循环，泵压升高也不显著。

2. 沉砂卡钻

沉砂卡钻在钻井作业中发生的几率不是很高，该类卡钻多发生在钻极软地层的钻进过程中，或下钻过猛使钻头和一部分钻铤被压入井底的沉砂中，造成卡钻。此时水眼被堵死，不能循环钻井液，这是沉砂卡钻最明显的特征之一。

3. 井塌卡钻

井塌卡钻是在钻井过程中突然发生井塌而导致的卡钻。该类卡钻常伴有明显的前兆，主要表现有扭矩突然增大且不稳定、泵压突然升高，偶尔会蹩转盘或顶驱，泵可以继续循环，但泵压会持续升高。返出的钻屑中有明显的塌落物，严重时不能循环。

4. 缩径卡钻

缩径卡钻经常发生在盐膏层、含盐膏软泥岩、高含水泥岩、高渗透性砂砾岩等地层中，此类卡钻一般发生在起下钻过程中，卡钻发生后无法开泵循环。

二、各类卡钻的主要原因

1. 黏附卡钻

当钻柱在井内静止时，钻具的一部分重量压在泥饼上，此时若钻井液泥饼较厚较虚，则迫使泥饼中的孔隙水流入地层，造成泥饼的孔隙压力降低，而泥饼内的有效应力则随其孔隙压力降低而增加。若钻具较长时间停靠井壁，泥饼内的孔隙压力逐渐降至与地层的孔隙压力相等，此时在钻柱两侧则会产生一个压差，此压差等于钻井液在井眼内的液柱压力与地层孔隙压力之间的差，这种压差的产生，使得上提钻具时的阻力增大，当该阻力超过一定值时，便会造成卡钻。

2. 沉砂卡钻

由于钻井液悬浮性能不好，若接单根时间过长或因其他原因停止循环处理钻井液过程中，导致其中所悬浮的钻屑或重晶石沉淀，则可能埋住一部分钻具造成卡钻；若再进行下钻作业，则有可能使钻头和一部分钻具压入沉砂中，造成卡钻。沉砂卡钻也可能发生在上部软地层的钻进过程中，由于钻速快，且钻井液黏度、切力低及环空返速低等原因，导致井底有大量沉砂。这时如司钻操作不当，接单根后下放速度过快，就可能使钻头和部分钻铤压入沉砂而导致卡钻。另外，当设备发生故障而突然停泵时，钻屑和重晶石在钻井液悬浮能力较差的情况下迅速沉入井底而导致沉砂卡钻。

3. 井塌卡钻

井塌卡钻大多是由于以下原因造成：(1) 钻井液液柱压力下降，突然引起上部地层坍塌造成卡钻；(2) 由于上提下放钻具速度过快造成强烈的抽吸或挤压，或由于开泵过猛、钻具对井壁的撞击等原因，突然造成井塌而卡钻；(3) 钻至易塌地层，钻井液的抑制防塌能力不足，导致严重井塌，造成卡钻。

4. 缩径卡钻

造成缩径卡钻的原因主要有以下几种：(1) 钻进盐岩、含盐膏软泥岩地层时，若钻井液的液柱压力不足以平衡上覆应力和地应力所产生的侧向应力时，就会发生塑性变形，造成缩径；(2) 对于浅层和中深层井段成岩程度较低的含大量蒙皂石的泥岩，此类水敏性泥岩会因吸收钻井液中的水分而膨胀，进而造成井眼缩小；(3) 在高压高含水的塑性泥岩中钻进时，如钻井液液柱压力不能平衡此种高压，泥岩也会发生变形，造成缩径；(4) 在高渗透性砂岩地层或砾岩中钻进时，如钻井液滤失量过大或环空返速过低，就会形成厚泥饼而造成缩径。

三、应对各类卡钻的措施

1. 黏附卡钻

首先做好预防工作，主要应注意以下几点：

(1) 降低钻井液密度。在确保不发生井涌、井塌的前提下，尽可能降低钻井液的密度。

（2）减少钻具与井壁的接触面积。降低钻井液的滤失量特别是高温高压滤失量，形成薄而坚韧的泥饼，使其具有低的渗透率和良好的可压缩性。

（3）提高钻井液的润滑性，在钻井液中加入固体润滑剂以降低摩阻。

（4）减少岩屑床的厚度。选用合理的钻井液流变参数以及适宜的环空流型和环空返速，防止岩屑床的形成并尽可以减少其厚度。

一旦发生黏附卡钻，处理的主要途径有三个：注入解卡液、减少静液柱压差、机械法。在此主要介绍注入解卡液法。

任何解卡液都应该在卡钻后的 4h 内泵入，以便得到最佳的效果。解卡液浸泡时间通常的原则是最少 20h，最多 40h，由于解卡液浸泡最初数小时解卡的可能性最大，随着浸泡时间的延长，解卡的可能性是逐渐降低的，因此浸泡时间最多不超过 40h。所需的解卡液体积要比卡钻或可能卡钻的渗透性井段的环空容积大 1.5 倍，解卡液的密度应等于或大于钻井液密度 $0.1 \sim 0.2 \mathrm{g/cm^3}$；以可能的最大排量把隔离液和解卡液泵入井内，一定要使解卡液处在卡钻的位置，而且在钻杆内要留有足够数量解卡液，以便能间断向外泵送。环空解卡液流动会增加解卡液的效能，一般做法是每小时向外泵出一桶；在浸泡过程中始终要活动钻具。下放悬重 10t，给钻具施加正转扭矩（大约是每 300m 0.75 圈）并使之向下传递，然后释放扭矩并上提钻具。这样活动钻具会使卡点向下移动，每次活动可能使卡点下移几厘米或几十厘米，持续活动钻具直到钻具突然上提解卡。

2. 沉砂卡钻

防止沉砂卡钻的措施有：一是使钻井液保持合适

的黏度和切力，以便能有效地携带与悬浮钻屑和重晶石；二是在钻极软的地层时应注意控制钻速，防止环空中的钻屑数量分散过高；三是应设计合理的环空返速，较好地清洗井眼与井底。

一旦发生沉砂卡钻，应尽一切可能憋通钻头水眼，恢复循环（注意开泵时的排量要小），并提高钻井液的黏度和切力，边循环边活动钻具，致使沉砂挤压得更紧，卡得更死，甚至造成井漏或井塌等更为复杂的井下情况。若仍然无法恢复循环，只有采取倒扣套铣。

3. 井塌卡钻

预防井塌卡钻的主要措施有：（1）做好地层压力预测，根据地层压力情况合理使用钻井液密度；（2）维持适当的钻井液排量，防止过高的排量对井壁的过渡冲刷；（3）严格控制起下钻速度，特别是在易坍塌掉块的井段施工时；（4）使用抑制能力强、封堵能力好的钻井液。

井塌卡钻一旦发生，处理方法一般分两种：若水眼未完全堵死，可采取小排量开泵，试建立循环，配合缓慢活动钻具，逐渐带出坍塌物而解卡；若水眼完全堵死，无法建立循环，则只有通过套铣倒扣的方法进行处理。

4. 缩径卡钻

预防缩径卡钻的主要措施有：（1）保持良好的钻井液抑制性，在钻井液中应加足各类抑制剂；（2）提高钻井速度，尽快地钻穿水敏性地层并下入套管，尽量减少钻具在裸眼中的暴露时间；（3）钻进一段时间后，要进行短起下，适时对缩径的井段进行修整。

缩径卡钻一旦发生，处理方法依所卡的地层而定，对于盐岩中的缩径卡钻，可以泵入淡水浸泡钻具组合底部周围以溶解盐层，与此同时配合进行钻具上击，一旦解卡后，应及时进行划眼来调整井眼；对在泥页岩中的缩径卡钻，可以采用泵入油或润滑剂并配合上击的方法，试解卡，若此方法不奏效，则采取套铣倒扣的方法进行。

第四节 井 喷

地层液体失去控制，喷到地面或窜至其他地层里的现象称为井喷。在钻遇高压油、气、水层或在注水产油区钻进调整井时，若控制不好易发生井喷。井喷是钻井工程中的恶性事故，轻则使油气层受破坏，影响建井周期；重则使油气井报废，延误油气田的勘探与开发。

一、井喷前的主要征兆

钻井过程中，地层流体进入井筒内是有征兆的，根据这些现象可以对井喷进行有效的预防，以下是不同钻井作业过程中的几种征兆。

1. 钻进过程中的征兆

（1）在钻油气水层时，机械钻速突然升高或出现放空现象，钻屑中发现油砂，气测值明显增大。

（2）钻井液性能发生较突然变化。如密度降低、黏度和切力升高，该现象多与气侵相关；钻井液密度下降，黏度和切力先增高，随后又下降，滤失量增大，pH 值下降，氯离子含量增大，该现象多与盐水侵相关。

（3）泵压下降，从环空返出的钻井液量不正常。从振动筛处返出的钻井液速度加快，返出量大于泵入钻井液的量，钻井液罐中钻井液的体积量增加明显，停泵后井口仍有钻井液返出等。

2. 起钻过程中出现的征兆

起钻过程中灌钻井液不正常。灌入的钻井液量小于起出钻具的排代体积。起完钻后，井口仍然有钻井液返出，钻井液罐中的钻井液体积明显增加。

3. 下钻过程中出现的征兆

下钻时返出的钻井液量不正常。从井口返出的钻井液量超过下入钻具的排代体积量，钻井液中的钻井液体积明显增加。

二、井喷发生的主要原因

钻井实践表明，在不同的钻井作业过程中，发生井喷的原因不完全相同，下面分别对四个主要钻井作业过程中可能诱导井喷的原因进行介绍。

1. 钻进过程中井喷发生的诱因

（1）钻至油、气、水层时，钻井液当量密度低于地层的压力系数会导致井涌甚至井喷。

（2）若钻井液气侵严重，没有及时采取措施，一旦液柱压力降低到小于地层压力，就会发生井喷。

（3）若钻井过程中发生井漏，井筒内的钻井液液面下降，液柱压力降低。液柱压力降低至低于高压油、气、水层的压力时，就会诱发井喷。

2. 起钻过程中井喷发生的诱因

起钻过程中，下述的不当作业会引起井喷，核心原因是钻井液作用在油、气、水层的压力下降，当压力降低至低于地层孔隙压力时，就会引起井喷。

（1）起钻时未及时灌钻井液，造成井内液柱压力下降。

（2）起钻时钻井液停止循环，若存在钻头或钻铤泥包、地层缩径、钻井液黏度和切力过大、起钻速度过快等原因，使上提钻具时产生较高的抽吸压力，造成井内钻井液液柱压力大幅下降。

3. 下钻过程中井喷发生的诱因

若钻井液切力过大，下钻时下放速度过快，就会形成过大的激动压力。如裸眼井段存在易漏失地层，当井筒的液柱压力加上激动压力超过地层漏失压力时，就会发生井漏，进而导致钻井液液面下降引起井喷。另外，在油层中起钻后，若钻井液在井内的静止时间较长，地层中的气体不断扩散到钻井液中，油气上窜至一定程度引起液柱压力下降，下钻过程中，当液柱压力下降到低于地层压力时，也会引起井喷。

4. 下钻后循环过程中井喷发生的诱因

下钻至油、气、水层等部位循环钻井液时，随着含有地层气的钻井液不断上返，钻井液中的气体便不断膨胀。当气体膨胀所产生的压力大于上部液柱压力时，钻井液就会溢出井口，井内液柱压力不断下降。如果该压力降至低于油气层压力时，油气就会大量侵入井中造成井喷。

三、预防井喷的工艺技术措施

预防井喷的工艺技术措施有两个大的方面：一是工程技术措施，二是钻井液技术措施。主要的工程措施包括：控制在油气层钻进时的机械钻速，依据三个压力剖面设计合理的井身结构，选用并正确使用井控装置。在此主要介绍预防井喷的钻井液技术措施。

1. 合理使用钻井液密度

选择合理的钻井液密度，使其所形成的液柱压力高于裸眼井段最高地层孔隙压力，低于地层漏失压力和裸眼井段最低的地层破裂压力。对于油层或水层，钻井液密度一般应附加 $0.05\sim0.10\text{g/cm}^3$，对于气层则应附加 $0.07\sim0.15\text{g/cm}^3$。对于探井应根据随钻地层压力监测的结果，及时调整钻井液密度，始终保持液柱压力高于裸眼井段最高压力。

2. 进入油气层前，调整好钻井液性能

除钻井液密度需要达到设计要求之外，在保证钻屑正常携带的前提下，应尽可能采用较低的钻井液黏度与切力，特别是终切力随时间变化幅度不宜过大，达到降低起下钻过程中的抽吸压力或激动压力。

3. 严防井漏发生

在钻进过程中需要加大钻井液密度时，应控制钻井液密度提高的速度，防止因加重速度过快而压漏地层。对于裸眼井段存在不同系统的地层，当下部存在高压油、气、水层的压力系数超过上部裸眼井段地层的漏失压力系数或破裂压力系数时，应在进入高压层之前进行堵漏施工，提高上部地层的承压能力，防止钻至高压油、气、水层时因井漏而诱发井喷。

4. 及时排除气侵体积

钻遇到高压油气层时，钻井液中往往不可避免地受到气侵而造成密度下降。因此，应注意随时监测钻井液密度。一旦发现气侵，应立即开动除气器，并结合消泡剂除气，尽快恢复钻井液密度。

5. 注意观测钻井液体积

钻开油、气、水层后，钻进过程中应随时观测钻井液罐中钻井液的体积量。起钻时应注意灌满钻井液，并监测灌入的钻井液量。下钻时，也应观测钻井液量和从井筒里返出的钻井液量与否与钻具的排代体积相符合。

四、处理井喷对压井钻井液的要求

溢流往往是井喷征兆的第一信号，一旦发现溢流，必须立即关闭防喷器，用一定密度的钻井液进行压井，以迅速恢复液柱压力，重新建立压力平衡，防止溢流。下面介绍对压井钻井液配制的一般要求。

（1）压井钻井液密度的确定。

压井钻井液密度可由下式求得：

$$\rho_{mL} = \rho_m + \Delta\rho$$

$$\Delta\rho = 100\ (p_d/H) + \rho_e$$

式中　ρ_m——原钻井液密度，g/cm³；

　　　ρ_{mL}——压井钻井液密度，g/cm³；

　　　$\Delta\rho$——压井钻井液密度增量，g/cm³；

　　　p_d——发生溢流关井时的立管压力，MPa；

　　　H——垂直井深，m；

　　　ρ_e——安全密度附加值，g/cm³。

ρ_e 取值的一般原则是：油、水层为 0.05~0.10g/cm³，气层为 0.07~0.15g/cm³。用于压井的钻井液密度不宜过高，以防压漏地层诱发更为严重的井喷，应以压住为宜。

（2）对压井钻井液的要求：压井钻井液的类型与发生溢流前的钻井液相同。对其性能的要求也应与原钻井液相似，即必须使压井钻井液具有较低的黏度、适当的切力，尽可能低的滤失量、低的泥饼摩擦系数和含砂量，24h 的稳定性密度差应小于 0.05 g/cm³，以防止重晶石沉淀和压井过程中发生压差卡钻。

（3）压井钻井液配制程序：用于压井的加重钻井液，其体积总量通常为井筒体积加上地面循环系统中钻井液体积总和的 1.5~2 倍。配制加重钻井液时，必须先调整好基浆性能，膨润土含量不宜过高（应随着加重钻井液密度的增加而减小），然后再加重。在钻井液中加入重晶石一定要均匀，力求保持钻井液性能的稳定。采取循环加重压井时，加重应按循环周加入重晶石，一般每个循环周钻井液密度提高值应控制在 0.05~0.10 g/cm³，以力求均匀稳定。

第五节　钻井液的化学污染及处理措施

钻井液在使用过程中，常有来自地层的各种污染物进入钻井液中，使其性能发生不符合施工要求的变化，这种现象称为钻井液的化学污染。常见的钻井液污染有钙侵、盐侵、盐水侵、镁侵、二氧化碳、硫化氢和氧侵等。

一、钙侵和镁侵

钙离子、镁离子可以通过多种途径进入钻井液，主要有钻遇硬石膏、石膏层、钻遇盐水层、钻井液配浆用水、钻水泥塞等。钻井液一旦受到钙、镁侵，其黏度和滤失量有明显增加，严重时，钻井液失去流动性，滤失量失去控制。

处理此类污染的方法有两种：一是将钻井液转化为钙处理钻井液；二是使用化学处理剂将侵入钻井液中的钙离子、镁离子除去。

对于水泥引起的污染，通常采用焦磷酸钠 (SAPP) 或小苏打 (NaHCO₃) 进行处理：

$$Ca(OH)_2 + NaHCO_3 = CaCO_3 \downarrow + NaOH + H_2O$$

$$Ca(OH)_2 + Na_2P_2O_7 = CaP_2O_7 \downarrow + 2NaOH$$

二、盐侵和盐水侵

盐污染可来源于配浆水、盐水侵、盐层。当钻遇盐岩层时，极易发生此类污染。钻井液在受到盐侵和盐水侵后，其黏度和切力会发生先升高后降低的变化，但滤失量会一直增大，pH 值会降低。如果盐污染更加严重或受二价离子 (Ca^{2+}、Mg^{2+}) 污染严重时，黏土颗粒的聚沉会导致黏度降低和失水量的进一步加大。

由于钠离子无法用化学方法来使其沉淀，盐浓度的降低只能靠加清水稀释的方法解决。因此，对此类污染的处理方法除了稀释外，还要添加抗盐性好的降絮凝剂和降失水剂，可选用铁铬盐、淀粉、聚阴离子纤维素和烧碱来处理。

三、碳酸根与碳酸氢根污染

钻井过程中钻井液中的碳酸盐过量时，也会对其性能产生较大影响。主要表现在对切力的影响上，随着碳酸氢根浓度的增加，静切力呈上升趋势，而随碳酸根浓度的增加，静切力则先减后增。碳酸盐依钻井液中 pH 值的不同以三种不同形式出现，分别是 H_2CO_3、HCO_3^-、CO_3^{2-}。当 pH 值低于 5 时，主要是 H_2CO_3；pH 8~9 时，主要是 HCO_3^-；pH 值大于 12，主要是 CO_3^{2-}。钻井液中碳酸盐的来源主要有以下几个方面：(1) 处理钙或水泥污染时处理量过大；(2) 从地层气、配浆泵和钻井泵进入钻井液的 CO_2 气的积累；(3) 有机化合物如铁铬盐、木质素等在温度大于 300℃时的热降解等。

由于经过碳酸根与碳酸氢根污染后的钻井液性能很难用加入处理剂的方法来调整，所以处理的方法就是加入化学处理剂将它们清除。通常加入适量 Ca^{2+} 使其生成 $CaCO_3$ 沉淀，Ca^{2+} 以石灰或石膏的形式加入，如果用的是石膏，石灰或烧碱必须同时加入以使 HCO_3^- 转变成 CO_3^{2-}，否则 HCO_3^- 与 Ca^{2+} 是不起反应的。如果使用石灰，pH 值将增加，可能需要加入石膏或铁铬盐来缓冲 pH 值的增大。另外推荐不要把所有的碳酸盐都反应完，至少要留有 1000 ～ 2000mg/L 浓度的碳酸盐在钻井液中，所发生的化学反应和处理浓度如下。

加石灰：

$$2Ca(OH)_2 + HCO_3^- + CO_3^{2-} = 2CaCO_3 \downarrow + 3OH^- + H_2O$$

加石膏和石灰或石膏和烧碱：

$$2Ca^{2+} + OH^- + HCO_3^- + CO_3^{2-} ==2CaCO_3 \downarrow + H_2O$$

四、硫化氢侵

硫化氢（H_2S）的毒性和腐蚀性都很强，在800mg/L 以上的环境停留就可能导致死亡。H_2S 对钻井液的黏度、失水和化学性质都有不利影响，但安全问题是最重要的。

一旦发现钻井液受到 H_2S 污染，应立即进行处理，将其清除。目前一般采用的方法是适量加入烧碱，同时加入碱式碳酸锌进行清除。

第六节 高温高压情况下的钻井液处理

一、高温高压井的特殊性

（1）在高温的影响下，钻井液性能的变化加剧，不易掌握和控制。这是由于在高温的作用下，钻井液中的各种成分和添加剂均将因高温的影响而变质，发酵、降解、增稠、失效等。除无机盐如 KCl、$CaCl_2$、NaCl 等外，所有有机物都将随着温度增高而变质。如配浆用的膨润土当温度超过 121℃（250°F）时就会明显增稠。淀粉类处理剂当温度超过 120℃时容易发酵。纤维素类和一般高聚合物类当温度超过 140℃时就会断链，降解失去作用。这些处理剂的化学、物理变化最终反映在钻井液性能的变化和失效，如滤失量增大，黏度增高，最后导致钻井工程不能正常进行。

（2）地层的高压力造成了钻井液必须高密度，如密度高于 $2.0g/cm^3$。为了保持一定的钻井液性能，又必须使用高固相（达到 45%）和高浓度的处理剂。再加上高温的作用，将促进各类添加剂间的反应。如果又遇到地层的污染，如盐、石膏、高压油、气和水等，会更促使钻井液性能变化，较难控制和掌握。

（3）增加了钻井工程难度，如由于高压会造成孔隙压力值与破裂压力值非常接近，钻井液密度的活动区间很小，容易造成井喷或井漏；由于密度高增加了造成压差卡钻的机会；造成循环压力高，产生压力激动以及如钻具磨损、钻头使用寿命减少等困难。特别是在海上钻井，当处理不及时、措施不当时，还会引发严重工程事故危及生命安全。

二、高温高压井钻井液的要求

（1）具有抗高温的能力（又称高温稳定能力）。这就需要选择可耐高温的主处理剂，例如褐煤类（抗温 204℃）的产品就较木质素类（抗温 170℃）产品有较高的耐温能力。在合成聚合物类设计分子结构时要求其结构是由"C—C，C—N，C—S"键相连接，而避免"—O—"键相联结以提高其抗温性能。其官能团则要求亲水性强，高温去水化小的基团，如"—SO$_3$—，—COO"等。

（2）具有较强的抑制能力。如无机盐 KCl、NaCl、Ca（OH）$_2$ 均有较好的抑制能力。有机高聚物类目前以带有阳离子官能团和易形成氢键的高聚物较以前的带阴离子官能团（$^-$COONa）的抑制能力强。再如 MMH（正电胶）、聚乙二醇、甘油，以及 AMPS/AAM 和 AMPS/AM 等高聚物都具有较好的防止黏土水化、分散和抗污染能力。

（3）具有较好的润滑性。加入可抗高温的液体润滑剂或固体润滑剂，或加入油类或酯类来降低摩阻。

（4）具有良好的流变性能。选用合宜的配浆土：例如，海泡石或凹凸棒土（抗温 371℃）或控制膨润土的含量（测定 MBT 含量）来避免钻井液高温增稠。

当钻井液密度在 2.0g/cm³ 以上时，要求膨润土含量小于 17.1 kg/m³（6lb/bbl）。加入 MMH 或生物聚合物等提高携屑能力。加入解絮凝剂控制静切力等。

（5）对生物无毒性，可达到环保的要求。

三、高温高压钻井液体系简介

（1）三磺水基钻井液（又称 Cr–SMC–SMP 体系），是在 20 世纪 70 年代成功钻成的我国最深的关基井（井深 7175m）和女基井（井深 6011m）所形成的钻井液体系。其主要处理剂是 SMP（磺化酚醛树脂）、SMC（磺化腐殖酸）、SMK（磺化栲胶）再配合以 FCLS（铁铬木质素磺酸盐）、CMC（羧甲基纤维素）、$K_2Cr_2O_7$（重铬酸钾）、表面活性剂等组成。直到目前这三种处理剂仍为我国深井阶段常用的处理剂。

（2）DURATHERM 体系。

M–I 公司的一种抗高温水基钻井液。该体系主要采用 XP–20（钾煤或铬褐煤）和 Resinex（褐煤树脂）维持高温的稳定性，配合聚阴离子纤维素 POLYPAC 控制滤失量和流变性。其特点是依靠降低体系的活性固相来维持高温下的稳定，而用聚合物替代膨润土提供黏度和切力。该体系据称曾用于 287℃的井温条件。配方为：1.5% ～ 4.5% 膨润土 +0.3% 聚阴离子纤维素 +6% 铬褐煤 +0.6% 烧碱 + 重晶石。

可用 14.26kg/m³（5lb/bbl）Resinex 代替 XP–20 以降低高温高压滤失量值。

（3）目前高温处理剂可分为两大类：一类是人工合成的高聚物，例如，磺化聚合物（可抗温 260℃，抗盐至饱和，抗钙 4.5×10^4mg/L，抗镁 10×10^4mg/L），是较新的产品。其他有 AMPS/AAM 和 AMPS/AM（为 Pyr-odrill 体系的主剂，均为乙烯基磺酸盐共聚物）、TSD（丙烯酸和乙烯磺酸盐共聚物，抗温

260℃）、VSVA（乙烯酰胺和乙烯磺酸盐的共聚物，抗温200℃）等。另一类是天然化合物改性的产品，如Resinex是磺化褐煤与磺化酚醛树脂的复合物，抗温200℃，用途很广。其他有：LPC（褐煤和聚合物，抗温204℃），以及Chemtrol-x，Filtrex，DMP等均是褐煤改性产品。它们在钻井液体系中的作用是不一样的，前者起抑制包被作用，后者起降低滤失量、改善泥饼的作用。在现场维护过程中要依据"小型试验"的结果把药品量加足，充分使用好固控设备，将无用固相降到最低，根据井下情况及时调整钻井液性能，高温高压钻井液的性能是能够控制在所设计的范围内的。

第八章 油气层保护技术

一、油气层伤害的基本概念

任何阻碍油气从井眼周围流入井底的现象均称为对油层的伤害，严重的油气层伤害将极大地影响油气井的产能。油气层伤害的主要表现形式是油气层渗透率的降低，其值降低越多，对油气层的伤害就越大。

一般来说在钻井和完井的各个作业环节中，油气层伤害是不可避免的，均可能由于工作流体与储层间物理的、化学的或生物的相互作用而破坏储层的原有平衡状态，从而增大油气流动的阻力，但油气层伤害的程度是可以控制的。即可以通过实施保护油气层、防止污染的技术和措施，完全可能将油气层伤害降至最低程度。

二、油气层保护技术涉及的主要范围

钻井、完井过程中的油气井伤害原因是十分复杂的，要实现充分认识其根源需要多专业、多学科的相互协作。实施油气层保护工作所包含的技术范围很广，经过多年实践，人们总结出以下五个方面的主要内容。

1. 岩心分析和储层油、气、水的分析

该项分析是认识油气层地质特征的必要手段，也是油气层保护技术中不可缺少的基础性工作。油气层的敏感性评价、伤害机理的研究、油气层伤害机理的综合诊断和保护油层的技术方案都必须以此为基础。

2. 油气层敏感性和钻完井液伤害室内评价

油气层敏感性评价是指通过岩心流动实验对油气

层的速敏、水敏、盐敏、碱敏和酸敏性强弱及其所引起的油气层伤害程度进行评价。钻完井液伤害评价实验的目的是通过测定工作液侵入油层岩心前后渗透率的变化，来评价工作液对油气层的伤害程度，判断它们与油气层间的配伍性，进而为优选钻完井液配方和施工工艺提供依据。

3. 油气层伤害机理研究和保护油气层技术系列方案设计

油气层伤害的机理研究是有效制定保护油气层技术方案的基础，对于不同的油气层，其储层特征和导致伤害的外部环境均有较大差别，因此可能发生的伤害机理也不尽相同。因此，对伤害机理的研究至关重要，它的正确与否直接影响着保护油气层技术方案的正确性。

4. 钻完井过程中的油气层伤害因素和保护油气层技术

钻井过程中防止油气层伤害是保护油气层系统工程的第一个工程环节。在钻井过程中，如果采用的工艺技术措施不当，也会对油气层造成严重伤害。国内外的钻井实践表明，保护油气层的钻井工艺技术还应体现在以下方面：（1）确定合理的钻井液密度；（2）严格控制起下钻速度；（3）尽量减少钻井液浸泡油气层的时间。

为了缩短工期，减少对油气层的伤害，主要应从以下方面来着手解决这一问题：（1）搞好钻井工程与钻井液设计，提高机械钻速；（2）加强钻井工艺技术措施及井控工作，防止在钻开油气层的过程中出现井漏、井喷、坍塌、卡钻等任何复杂情况；（3）提高测井一次成功率，缩短完井时间；（4）加强管理，尽可能减少各种辅助工作和其他非生产时间。

5. 油气层伤害现场诊断和矿场评价技术

油气层评价技术包括室内评价方法和矿场评价技术两种。准确地判断油气层伤害的类型和程度是实施保护的基础。

渗透率恢复值实验是评价钻井液和完井液储层伤害程度或储层保护效果的最主要和最直观的方法。它是用天然岩心或人造岩心在岩心流动实验装置上测量实验岩心污染前后的渗透率，得到的一个比值即为渗透率恢复值，它比较直观地反映了储层岩心的伤害程度。渗透率恢复值越大，钻井液、完井液对储层伤害越小。对开发井而言，渗透率恢复值一般应不小于75%。

目前广泛应用于现场的矿场评价方法还主要是不稳定试井法。根据评价标准的不同，又分为以下五种不同的方法，即表皮系数法、条件比与产能比法、流动效率法、污染系数法、井底污染半径法。

以上方法所确定的指标分别从不同角度反映油气层伤害的程度，然而表皮系数仍是最基本的参数。

三、保护油气层的钻井液、完井液类型及其应用

1. 微泡型钻井液体系

美国 Acti Systems 公司研制出一种在近平衡钻井中使用的微泡钻井液，这种钻井液在不注入空气和天然气的情况下可产生均匀的气泡，这种均匀的气泡为非聚集和可再循环的微气泡，因此能产生比水低的密度，并在地层裂缝中产生桥堵，提高了低剪切速率增黏剂的效率。微气泡不受 MWD 或井下涡轮钻具等井下工具的影响，使微泡沫钻井液成为钻定向井和水平井的理想钻井液。在使用微泡沫钻井液时要注意防腐、固控和微生物降解问题。

2. 乙二醇钻井液

近年来国外使用乙二醇和乙二醇衍生物钻井液比

较普遍。部分公司将其作为油基钻井液替代品的首选。室内和现场试验结果表明，乙二醇钻井液具有提高页岩稳定性的能力，增加钻井液的润滑能力，还可以减少压差卡钻的可能性。

聚乙二醇是一种共聚物和乙二醇的混合物。单独使用这种物质价格很高，为了降低使用费用，可以加入铝配合物或沥青对其加以改进。这种铝配合物有助于保持井眼规则，可防止钻头泥包。同时由于聚乙二醇在一定温度下的浊点行为形成油溶性的固相颗粒，加上含有硬沥青等可变形的桥堵剂，因而可以封堵高渗透砂岩储层，在动态下形成高质量的薄泥饼。同时，乙二醇类钻井液对环境的污染较低。

3. 全油钻井液

以往使用油基钻井液时，一般都含有 15% 左右的水作为内相，加入相当多的乳化剂和其他处理剂来控制性能。全油钻井液目前发展较快，是因为它具有以下的特性：不必进行特殊处理，在低剪切速率下具有较好的流变性；悬浮性能好而且剪切稀释能力好。这是由于全油钻井液基本上只存在固相间的相互作用，形成钻井液结构快，但结构单元之间的作用力不强。这种特性使得开泵容易，避免了恢复循环时的较大循环压耗对储层的伤害；钻井液设计和维护简单。全油钻井液体系中各处理剂都各有一种主要作用，其间的相互作用较少，因此改变某一性能所要使用的处理剂有明确的规定。体系中不含水，调整性能变化更加灵活；由于全油钻井液中表面活性剂的含量很低，因而造成储层乳化堵塞的可能性很小，可以用这种钻井液直接打开储层，而逆乳化钻井液在一般情况下是不能打开储层的；全油钻井液的密度比水基钻井液密度低，因此适用于在压力枯竭的储层中进行平衡钻井。

4. 聚合醇钻井液

聚合醇钻井液是 20 世纪 90 年代后期研制成功的一种新型防塌钻井液，此类钻井液可通过在水基钻井液中加入一定数量的聚合醇配制而成。聚合醇钻井液具有很强的抑制性与封堵性，能有效地稳定井壁；润滑性能好，当聚合醇加量为 3% 以上时，钻井液的润滑系数降低 80%；聚合醇能降低钻井液的表面张力与界面张力，有效保护油气层，能够使油气层渗透率恢复值达到85% 以上；毒性低，易生物降解，对环境影响小。

5. 合成基钻井液

合成基钻井液又称为合成基泥浆，其特点是用合成液作钻井液外相或连续相，盐水作为钻井液的内相。其分子链上一般是 C_{18} ～ C_{24}，主要有以下几种：脂肪酸乙酯、二乙醚、聚 $\alpha-$ 烯烃、直链烷基苯。

合成钻井液主要发展来替代低毒矿物油。其优越之处主要为以下几个方面：对环境污染小；在海水中的分散性优于低毒矿物油；流变性和热稳定性；合成钻井液在 218℃ 的温度下是稳定的。合成钻井液热稳定性的制约因素是乳化剂的热稳定性相对较低，一般在 177℃。加入低剪切流变性改造剂对合成基钻井液的高温稳定性是最有效的，页岩水化和脱水程度比低毒矿物油低得多，有利于稳定油层孔隙结构。

6. 氯化钾盐水完井液

氯化钾盐水是对付水敏性地层最好的完井液之一，在地面用固体氯化钾在淡水中可配制成 1.01 ～ 1.17g/cm³ 的溶液，其密度由氯化钾的浓度确定（表 8-1）。

7. 氯化钠盐水完井液

氯化钠盐水液为常用的无固相完井液。其密度范围为 1.01 ～ 1.20g/cm³，在配制氯化钠盐水时，为了防止地层黏土水化，可在氯化钠盐水中加入1%～3%的氯化钾，氯化钾不起加重作用，只作为地层伤害抑制剂。其密度由氯化钠的浓度确定。配制加量见表8-2。

表8-1 配制1m³氯化钾盐水配方

在21℃时的密度 g/cm³	KCl, % (质量分数)	加水量 m³	KCl加量 kg	结晶点 ℃
1.01	1.1	0.995	11.4	-0.5
1.03	5.2	0.976	54	-2
1.05	9	0.96	95.4	-3.9
1.08	12.7	0.943	136.9	-5.6
1.11	16.1	0.924	178.3	-7.8
1.13	19.5	0.907	219.8	-10
1.15	22.7	0.89	261.5	40TCT
1.16	24.2	0.881	282.1	60TCT

注：KCl的纯度为100%，TCT为聚动力结晶温度。

表8-2 配制1m³氯化钠盐水配方

在21℃时的密度 g/cm³	NaCl, % (质量分数)	加水量 m³	NaCl加量 kg	结晶点 ℃
1.01	1.1	0.995	10	-0.5
1.03	4.5	0.985	46.9	-2.8
1.05	7.5	0.973	79.4	-4.4
1.08	10.8	0.96	116.3	-7.2
1.11	13.9	0.947	153.5	-10
1.13	17	0.933	179.2	-12.8
1.15	20	0.918	230.6	-16.1
1.18	23	0.902	270.9	-20.6
1.2	26	0.888	311.5	30TCT

注：NaCl的纯度为100%，TCT为聚动力结晶温度。

8. 氯化钙盐水完井液

当所需要的完井液密度稍高时，可以考虑使用该类型的无固相完井液，它的密度范围可以控制在 1.01 ~ 1.39g/cm³，是目前最经济有效的无固相盐水完井液之一。

现场使用时常用两种氯化钙：粒状氯化钙的纯度为 94% ~ 97%，含水 5%，能很快溶解在水中；片状氯化钙的纯度为 77% ~ 82%，含水 20%。用片状氯化钙配制盐水，需增大氯化钙的加量，联合使用可适当降低成本。氯化钙盐水的密度由 $CaCl_2$ 浓度确定。配制加量见表 8-3。

表8-3　配制1m³氯化钙盐水配方

在21℃时的密度 g/cm³	$CaCl_2$, %（质量分数）	加水量 m³	$CaCl_2$加量 kg	结晶点 ℃
1.01	0.9	0.999	9.1	−0.5
1.02	2.2	0.996	23.1	−6.6
1.08	8.8	0.979	100.3	−6.7
1.14	15.2	0.956	182.9	−12.8
1.2	21.2	0.931	265.8	−22.2
1.26	26.7	0.906	353.8	−37.8
1.32	31.8	0.877	442.4	−22TCT
1.38	36.7	0.846	533.2	28TCT
1.39	37.6	0.84	551.5	35TCT
1.42	39.4	0.828	587.3	55TCT

9. 氯化钙—溴化钙盐水完井液

当所需要的完井液密度为 1.40 ~ 1.80g/cm³ 时，可以使用氯化钙—溴化钙混合盐溶液。现场配制时，通常是把氯化钙和溴化钙分别配制成盐水溶液，然后根据完井液需要的密度，按不同的比例混合而成。另外也可在较低密度的混合盐水溶液中添加固体氯化钙或溴化钙提高盐水的密度。$CaCl_2/CaBr_2$混合盐水的密度由氯化钙和溴化钙的浓度确定。配方见表8-4。

表8-4　配制1m³氯化钙—溴化钙盐水配方

盐水密度 （21℃） g/cm³	水 m³	CaCl₂加量 （纯度 94%~97%） kg	CaBr₂加量 （纯度 91.5%） kg	结晶点 （LCTD） ℃
1.40	0.849	558.84	17.85	7.2
1.41	0.842	552.27	42.90	10.6
1.42	0.835	545.69	67.78	11.1
1.44	0.828	539.11	92.66	12.2
1.45	0.820	532.24	117.55	12.8
1.46	0.813	525.95	142.43	12.8
1.47	0.806	519.37	167.52	13.3
1.49	0.799	512.79	192.48	13.3
1.50	0.792	506.22	217.36	13.9
1.51	0.785	499.64	242.24	13.9
1.52	0.777	493.06	267.12	14.4
1.54	0.770	486.49	292.29	14.4
1.55	0.763	479.91	317.17	15.0
1.56	0.756	473.33	342.06	15.0
1.57	0.749	466.75	366.94	15.6
1.59	0.742	460.17	391.82	15.6
1.60	0.734	453.59	416.99	15.6
1.61	0.727	447.02	441.87	16.1
1.62	0.720	440.44	466.75	16.1

续表

盐水密度 (21℃) g/cm³	水 m³	CaCl₂加量 (纯度 94%~97%) kg	CaBr₂加量 (纯度 91.5%) kg	结晶点 (LCTD) ℃
1.63	0.713	433.86	491.63	16.7
1.65	0.706	427.28	516.51	16.7
1.66	0.698	420.71	541.68	17.2
1.67	0.691	414.13	566.56	17.2
1.68	0.684	407.55	591.45	17.8
1.69	0.677	400.97	616.33	17.8
1.70	0.670	394.39	641.35	17.8
1.72	0.662	387.81	666.38	18.3
1.73	0.655	381.24	691.26	18.3
1.74	0.648	374.66	716.14	18.3
1.75	0.641	368.08	741.03	18.9
1.76	0.634	361.50	766.05	18.9
1.78	0.626	354.93	791.08	19.4
1.79	0.619	348.35	815.96	19.4
1.80	0.612	341.77	840.84	19.4
1.81	0.605	335.19	865.72	20.0

10. 氯化钙—溴化钙—溴化锌混合盐水完井液

氯化钙—溴化钙—溴化锌的混合盐可配制密度为 1.81～2.30g/cm³ 的完井液，专用于某些特殊的高温高压井。在配制氯化钙—溴化钙—溴化锌盐水时，必须根据每口井的具体情况和环境来考虑溶液的相互影响（密度、结晶点、腐蚀等）。增加溴化钙和溴化锌的浓度可提高盐水的密度、降低结晶点，最高密度的最高结晶点为 −9℃；而增加氯化钙的浓度，则可降低盐水的密度，提高结晶点，可使结晶点升高至 18℃，且组分最经济。氯化钙—溴化钙—溴化锌混合盐水的密度由 $CaCl_2$、$CaBr_2$、$ZnBr_2$ 的浓度确定，配方见表 8-5。

表8-5 配制1m³氯化钙—溴化钙—溴化锌盐水配方

密度 (21℃) g/cm³	1.70g/cm³ CaBr₂盐水 m³	密度2.30g/cm³ CaBr₂/ZnBr₂ 盐水 m³	CaCl₂加量 (94%～97%) kg	结晶点 (LCTD) ℃
1.80	0.889	0.000	303.16	17.8
1.81	0.868	0.024	294.58	16.7
1.82	0.846	0.048	288.86	16.1
1.83	0.826	0.071	280.28	15.0
1.85	0.805	0.095	274.56	15.0
1.86	0.783	0.119	265.98	15.0
1.87	0.762	0.143	260.26	14.4
1.88	0.741	0.167	251.68	13.9
1.89	0.720	0.190	245.96	12.8
1.91	0.699	0.214	237.38	12.2
1.92	0.678	0.238	231.66	11.7
1.93	0.656	0.262	223.08	11.1
1.94	0.635	0.286	217.36	10.0
1.96	0.614	0.310	208.78	10.0
1.97	0.593	0.333	203.06	9.4
1.98	0.572	0.357	194.48	8.3
1.99	0.550	0.381	188.76	7.8
2.00	0.526	0.405	180.18	6.1
2.02	0.508	0.429	174.46	4.4
2.03	0.487	0.452	165.88	2.2

密度 (21℃) g/cm³	1.70g/cm³ CaBr₂盐水 m³	密度2.30g/cm³ CaBr₂/ZnBr₂ 盐水 m³	CaCl₂加量 (94%~97%) kg	结晶点 (LCTD) ℃
2.04	0.458	0.476	160.16	0.0
2.05	0.445	0.500	151.58	−2.2
2.06	0.423	0.524	143.00	−0.6
2.08	0.402	0.548	137.28	1.7
2.09	0.381	0.571	128.70	2.8
2.10	0.360	0.592	122.98	5.0
2.11	0.339	0.619	114.40	7.2
2.12	0.317	0.643	108.68	6.7
2.14	0.296	0.667	100.10	6.7
2.15	0.276	0.690	94.38	6.1
2.16	0.254	0.714	85.80	6.1
2.17	0.233	0.738	80.08	5.6
2.18	0.212	0.762	71.50	5.0
2.20	0.190	0.786	65.78	2.8
2.21	0.169	0.810	57.20	1.7
2.22	0.149	0.833	51.48	0.0
2.23	0.127	0.857	42.90	−2.2
2.24	0.106	0.881	37.18	−3.9
2.26	0.085	0.905	28.60	−5.0
2.27	0.063	0.929	22.88	−7.8
2.28	0.043	0.952	14.30	−7.8
2.29	0.021	0.976	8.58	−8.3
2.30	0.000	1.000	0.00	−8.9

第九章 钻井液废弃物处理

钻井液废弃物中含有大量的化学处理剂、黏土、加重材料、所钻地层的岩屑，此外还有重金属组分等有毒物质。因此，废弃钻井液已成为石油开发过程中对环境影响较大的废弃物之一。这些排放物无论是堆在井场，掩埋，流入农田、河流海洋，还是渗入地层，都会污染环境，影响动植物生长，危及人类生命安全。因此，需要对其进行无害化处理，确保对环境没有伤害后方可排放。

第一节 钻井液废弃物毒性评价

目前，使用较多的生物毒性评价实验方法是测量生物的96h半死质量分数，该质量分数值被称为96h LC_{50}，即将实验生物（如糠虾、硬壳蚌）经受96h毒物的毒害，死亡率为50%（半致死）时的质量分数值。

由于有糠虾实验评价时间长（2~3周）、精确度不高、误差大，而且实验样品来源有限，因此新近研究出一种快速生物实验方法——发光细菌实验法。其原理是测定与不同种类、不同质量分数的钻井液接触后，加在钻井液中的一种发光细菌的生物冷光的光强因细菌健康受损而发生的变化，以光强降低50%的毒性物（钻井液）的有效质量分数 EC_{50} 表示。这种实验制样需要1h，实验需15min，测量光强方法简单。先将发光细菌储存在干冷状态下，实验时直接加入钻井液，不需进行培养。通过几十次对比实验，发现 EC_{50}

值小，其相关系数在 0.33~0.37。根据不同的 LC_{50} 或 EC_{50} 的值，可以依据表 9-1 对其毒性级别进行判断。

表9-1　钻井液及处理剂毒性评价等级

毒性等级	剧毒	高毒	中毒	低毒	实际无毒	排放限制标准
LC_{50} mg/kg	<1	1~100	100~1000	1000~10000	>10000	>30000
EC_{50} mg/kg	<1	1~100	100~1000	1000~10000	>10000	>30000

第二节　处理废弃钻井液

一、回填法

即用从存储坑挖出的土将钻井液进行填埋。废钻井液存储坑应该是结构坚实且不渗透的。衬垫材料可选用塑料软膜、沥青、混凝土及经过化学处理的土壤－膨润土等。

在填埋前，通常需通过脱水处理或让其自然蒸发，以减少废钻井液的体积。

回填法是最经济的处理方法，但可能造成潜在危害。因此许多环保机构都做了严格的规定。

二、土地耕作法

此法是将脱水后的残余固相均匀地撒放到钻井井场（每 $100m^2$ 小于 4.5kg 氯化物），然后用耕作机械把它们混入土壤。这种方法较适合相对平坦的开阔地面以便于机械化耕作。

使用该法应控制废钻井液残渣中可溶性盐含量不能超过土壤安全负荷；不能在下雨天、地面坡度大于 5% 及地下水位太浅的地区耕作。

土地耕作法适用于淡水钻井液，用于油基钻井液也是比较安全的。研究表明，柴油基和矿物油基废钻井液在土壤中降解很快，一年内烃含量可降低 90%。但柴油可引起长期效应。

三、泵入井眼环形空间或安全地层

该法是一种安全且方便的处理方法，可以及时、就地处理废钻井液，而且不需预处理便可直接泵入井眼环形空间或安全地层，不会给地面留下长期隐患。

该方法可适用于水基、油基钻井液，但需注意的是，泵入地层深度应大于 600m，且远离油区 2000m以上，注入地层后不会再返流，否则需用水泥密封。所以，该方法具有较大的局限性，在国外某些地区禁止使用。

四、固液分离

目前使用的固液分离法主要是通过加入高聚物絮凝剂破坏胶体稳定性，使钻井液絮凝成团，再用机械脱水装置将水脱离。这种固液分离法是目前用于减少废弃物排放量、提高水的循环利用率和解决环境污染问题的技术之一。

固液分离的工艺流程：将絮凝剂加入废钻井液→搅拌→机械脱水→生成污水和浓缩污泥。机械脱水装置常用离心机、真空机和压滤机。

固液分离后得到的浓缩污泥比脱水前含水量降低，表观变干，体积缩小。可将其就地填埋或运送到别处集中处理，固液分离后得到的污水经处理后可重新用于钻井，也可在达标后就地排放。

五、化学固化

由于废钻井液含有一定数量的固相物质，可加入一定数量的化学添加剂（固化剂），与废钻井液发生一系列复杂的物理、化学作用，将废钻井液中的有害成分（如重金属离子、高聚物、油类等）固化，从而降低其渗透性及迁移作用，达到防止污染的目的。

固化作业过程是将固化剂直接注入废钻井液池，然后搅拌，让其充分混合，放置几天甚至几十天即可硬化，硬化处理后不仅能防止环境污染，而且还可以生产出固化材料，用于建筑、铺路、填埋等。

常用的固化剂有无机和有机两大类。无机类主要有水泥、石灰、磷石膏、水玻璃、氯化钙、氯化镁、硫酸铅、无定形硅灰（二氧化硅）等；有机类主要有聚乙烯醇、甘油、脲醛树脂、氨基甲酸乙酯聚合物、热固（塑）性树脂（如沥青、聚乙烯）等。

六、其他方法

1. 废钻井液的回收利用

将已完井的钻井液经过性能调整后运送到另一新井使用。另外，还可用以天然气、原油、重油等为热源的喷雾干燥法回收粒状钻井液材料，以利于运输和重复作用。

2. 运到某地点集中处理

某些特殊类型废钻井液就地不便处理，则将其运至规定的地点集中处理。由于该法会增加额外运输费用，一般只在特殊情况下使用。

3. 对高质量分数盐溶液的处理

对高质量分数盐（主要是氯化物）溶液的处理是一个比较棘手的问题。国外某公司采取将一种微生物和培养基一起加到废钻井液中的方法，微生物在生长过程中利用了氯化物并使固相凝聚。这种方法比化学处理费用低，而且更有效。

4. 对油类物质的处理

油基废钻井液是不允许直接排入的。由于在无氧条件下油类物质很难降解，所以一般不使用填埋法，对油基废钻井液，常常采用焚烧法和微生物法处理。

微生物法是在与空气充分接触的条件下用微生物降解油类，并撒放于土壤。对含大量油类的废钻井液，如果焚烧后基本上不会带来大气污染，可将其焚烧，灰烬可以掩埋。

另外，还可用溶剂洗涤、萃取的方法除油。

5. 转化为固井水泥浆

钻井液转化为水泥浆（Mud to Cement）技术，简称为 MTC 技术，是利用具有降滤失性和悬浮性的废钻井液，通过加入高炉矿渣、激活剂，使钻井液转化为性能和油井水泥浆相似的钻井液固化液。

由于倾入大海中的废钻井液的有害影响波及范围广，所以对海上钻井废物的处理日益受到重视。几乎所有环保机构都禁止在海上排放废钻井液。

参 考 文 献

[1]《钻井手册（甲方）》编写组．北京：石油工业出版社，1990.

[2] 张克勤，陈乐亮．钻井液．北京：石油工业出版社，1988.

[3] 黄汉仁，杨坤鹏，罗平亚，等．泥浆工艺原理．北京：石油工业出版社，1976.

[4] 鄢捷年．钻井液工艺学．东营：石油大学出版社，2001.

[5] 宋志明，牛晓，刘希洁，等．油田钻井完井废弃物无害化治理技术新进展．科技创新导报，2008，(24): 23–25.

[6] James L. 拉默斯，J. J. 阿扎．钻井液优选技术油田实用方法．朱墨等译．北京：石油工业出版社，1994.

[7] 贾锋，钻井液．北京：石油工业出版社，1979.

[8] H. C. H. 达利，G. R. 格雷．钻井液和完井液的组成与性能．鲍有光译．北京：石油工业出版社，1994.

附录一 循环系统推荐配置

常用钻机的净化（固控）设备配套见附表1-1。

附表1-1 常用钻机的净化（固控）设备配套

设计井深 m	要求	设备名称	技术参数	数量
1000	必配	钻井液罐	钻井液罐容积不小于80m³	1套
		振动筛	处理量不小于126m³/h	2台
		混合加重装置	砂泵排量180m³/h；砂泵扬程31m	1套
	选配	除砂器	处理量200m³/h	1台
		除泥器	处理量200m³/h	1台
2000	必配	钻井液罐	钻井液罐容积不小于160m³；储备罐容积不小于40m³	1套
		振动筛	处理量不小于181.5m³/h	2台
		除砂器	处理量不小于181.5m³/h	1台
		除泥器	处理量不小于181.5m³/h	1台
		混合加重装置	砂泵排量200m³/h；砂泵扬程36m	1套
		剪切泵	排量155m³/h；扬程32m	1台
		灌浆泵	排量150m³/h；扬程28m	1台
	选配	除气器	处理量不小于181.5m³/h	1台
		中速离心机	处理量40m³/h；分离粒度5～7μm	1台
3000～4000	必配	钻井液罐	钻井液罐容积165～180m³；储备罐容积不小于80m³	1套
		振动筛	处理量不小于181.5m³/h	2台
		除砂器	处理量不小于181.5m³/h	1台
		除泥器	处理量不小于181.5m³/h	1台
		混合加重装置	砂泵排量200m³/h；砂泵扬程36m	1套

设计井深 m	要求	设备名称	技术参数	数量
3000~4000	必配	剪切泵	排量155m³/h；扬程32m	1台
		灌浆泵	排量150m³/h；扬程28m	1台
	选配	除气器	处理量不小于181.5m³/h	1台
		中速离心机	处理量40m³/h；分离粒度5~7μm	2台
5000	必配	钻井液罐	钻井液罐容积不小于200m³；储备罐容积不小于120m³	1套
		振动筛	处理量不小于181.5m³/h	2台
		除砂器	处理量不小于181.5m³/h	1台
		除泥器	处理量不小于181.5m³/h	1台
		混合加重装置	砂泵排量200m³/h；砂泵扬程36m	1套
		剪切泵	排量155m³/h；扬程32m	1台
		灌浆泵	排量150m³/h；扬程28m	1台
		除气器	处理量不小于181.5m³/h	1台
		中速离心机	处理量40m³/h；分离粒度5~7μm	2台
	选配	高速离心机	处理量40m³/h；分离粒度3~5μm	1台
7000	必配	钻井液罐	钻井液罐容积不小于270m³；储备罐容积不小于160m³	1套
		振动筛	处理量不小于181.5m³/h	3台
		除砂器	处理量不小于181.5m³/h	1台
		除泥器	处理量不小于181.5m³/h	1台
		混合加重装置	砂泵排量200m³/h；砂泵扬程36m	1套
		剪切泵	排量155m³/h；扬程32m	1台
		灌浆泵	排量150m³/h；扬程28m	1台
		除气器	处理量不小于181.5m³/h	1台
		中速离心机	处理量40m³/h；分离粒度5~7μm	2台
		高速离心机	处理量40m³/h；分离粒度3~5μm	1台

附录二　国内外钻井液处理剂对照

目前，国内外钻井液原材料与添加剂的商品名称或代号有数千个之多，而且不断有新产品出现和旧产品的淘汰与消失，它们的主要成分有 300 多种。按照钻井液原材料和添加剂的功能或用途，根据 API/IADC 的分类方法，常分为 19 类，国际上钻井液公司则一般分为 12 类，我国参考国际情况曾分为 16 类。由于钻井液技术的发展，现结合钻井现场实际，将所有主要产品分为黏土类、加重材料、增黏剂、降黏剂、降滤失剂、堵漏材料、消泡剂、絮凝剂、页岩抑制剂和防塌剂、润滑剂、发泡剂、杀菌剂、解卡剂、水基钻井液乳化剂、腐蚀抑制剂、高温稳定剂、清洁剂、碱度控制剂和油基钻井液添加剂等 19 类（未包括完井液专用产品），国内外主要的同类或相关产品见附表 2-1 ~ 附表 2-19。

附表2-1　黏土类

通称或主要成分	中国名称	外国名称	主要用途
优质膨润土 API钻井级膨润土	天然钠质土	M-I GEL, AQUAGEL, MILGEL, Wyoming Bentonite	水基钻井液中提黏，降滤失建造泥饼及堵漏
未处理天然膨润土	试验用钠膨润土	MILGEL NT, AQUAGEL-GOLD-SEAL	水基钻井液中提黏，降滤失建造泥饼
经处理过的高造浆膨润土，增效膨润土		SUPER-COL, QUIK-GEL	水基钻井液中提黏，表层钻进快速增黏剂
OCMA膨润土	行标二级膨润土	MIL-BEN	水基钻井液中提黏，降滤失建造泥饼
累托石黏土	累托石		水基钻井液中提黏，降滤失建造泥饼

续表

通称或主要成分	中国名称	外国名称	主要用途
山软木土	凹凸棒石抗盐土	SALT WATER-GEL, ZEOGEL, SALT GEL Attapulgite	盐水钻井液中提黏, 建造泥饼及堵漏
海泡石黏土	海泡石（HL-ZI, HL-ZII）	Geo Gel, Thermogel DURMOGEL	盐水钻井液和高温钻井液提黏, 其他钻井液也适用
高岭土	钻井液用评价土	英国评价土	钻井液试验用
有机黏土	见油基钻井液的添加剂类		油基钻井液中提黏, 降滤失建造泥饼

附表2-2 加重材料

通称或主要成分	中国名称	外国名称	主要用途
API级重晶石粉 $BaSO_4$	重晶石粉	MIL-BAR, M-I BAR	各种钻井液加重剂或配重晶石封堵又喷又漏
铁矿粉	氧化铁粉 镜铁矿粉 钒钛铁矿粉 钛铁矿粉	DENSIMIX, BARODENSE, FER-OX	各种钻井液中加重及封堵又喷又漏
碳酸钙粉 $CaCO_3$	石灰石粉 碳酸钙粉	BARACARB, LO-WATE	酸溶性加重剂
重晶石与赤铁矿混合物		BAR-PLUS	各种钻井液的加重材料及封堵又喷又漏
方铅矿粉PbS	方铅矿粉 硫化铅	Super-Wate, Galena	各种钻井液的加重剂, 可加重至密度 $3.6g/cm^3$
酸溶性高密度加重材料		Siderite	主要用于完井液加重
各种无机盐	氯化钠、氯化钙、溴化钙、溴化锌等	NaC, CaCl₂ CaBr₂, ZnBr₂	主要用于无固相完井液加重

附表2—3 增黏剂

通称或主要成分	中国名称	外国名称	主要用途
生物聚合物	黄胞胶 黄原胶 XC聚合物	FLOWZAN, XCD	各种水基钻井液增黏, 提高携砂能力
高相对分子质量纤维素衍生物的混合物	羧甲基羟乙基纤维素CT-91	INSTAVIS	水基钻井液增黏
高黏度聚阴离子纤维素	高黏度聚阴离子纤维素PAC	DRISPAC-R, Polypac-HV, MIL-Pac HV	水基钻井液增黏剂及包被剂和降失水
高黏度羧甲基纤维素	高黏CMC、 CMC-HV HV-CMC ZJT-1	CMC-HV, CMCHV	水基钻井液增黏和降失水
羟乙基纤维素	HEC	LIQUI-VIS EP, VIS-L	完井液盐水增黏剂
石棉纤维	石棉、HN-1、 SM-1改性石棉	FLOSAL, SUPER VISBESTOS, VISQUICK	水基钻井液增黏剂
混合聚合物	PMN-2	POLY-STAR, POLY-MIX, POLYMER 404	水基钻井液增黏
瓜尔胶及其衍生物	瓜尔胶 羟乙基田菁胶粉	LO LOSS, SMCX, Solvitex, GGPFSD-3	完井液和低固相体系增黏剂、清扫液增黏剂、快速配制高黏度开钻钻井液
丙烯酰胺与丙烯酸盐多元共聚物或甲双叉丙烯酰胺	80A51、 PAC141、 PHMP		水基钻井液增黏剂及包被剂
化学改性甜菜淀粉		PYRO-VIS	水基体系增黏降滤失
混合金属层状氢氧化物	MMH, MA-01 MSF-1 MLH-2、 正电胶	MMH	水基正电钻井液增黏

附表2-4　降黏剂

通称或主要成分	中国名称	外国名称	主要用途
酸式焦磷酸钠	酸式焦磷酸盐	SAPP	低钙钻井液分散剂以及处理水泥污染
四磷酸钠	四磷酸钠	STP, OILFOS, BARAFOS	低钙钻井液分散剂并作除钙剂
铁铬木质素磺酸盐	FCLS，铁铬盐	UNI-CAL, Q-BROXIN, SPERSENE	水基钻井液降黏以及降失水
无铬木质素磺酸盐	FCLS-FC，无铬木质素磺酸盐M-9, MC	UNI-CAL CF, Q-B II, SPESENE CO, CF LIGNOSULFONATE	水基钻井液降黏，无污染钻井液降黏剂
磺化单宁改性单宁	磺甲基化单宁 SMT、KTN、NaT	DESCO, DESCO CF, TANNEX, TANCO	水基钻井液降黏剂或者抗高温降黏剂
褐煤衍生物	铬褐煤，硝基腐殖酸钠，硝基腐殖酸钾，腐殖酸铁铬，OSHM-K, CrHM, OSAM-K, SMC	XF-20, CC-16, LIGCON, COUSTILIG	水基钻井液高温降黏剂及降失水
合成聚合物高温降黏剂（马来酸酐共聚物）	SSMA	MIL-TEMP, SSMA, THERMA-THIN, MELANEX-T, IDSPERDE HT	抗高温水基钻井液降黏剂
聚合物降黏剂（低聚物降黏剂）	GN-1, XA-40, XB-40	NEW-THIN, THERMA-THIN	水基钻井液降黏剂
复合离子多元共聚物降黏剂	GD-18, JT-900, XY-27, PSC90-6, PAC145	MIL THIN, THIN-X, CPD	水基钻井液降黏剂
树皮提取物	栲胶、改性栲胶 SMK、FSK磺化栲胶831	Q-B-T, MIL-QUEBRACHO	石灰钻井液和淡水钻井液降黏剂

续表

通称或主要成分	中国名称	外国名称	主要用途
褐煤产物或苛性褐煤等	腐殖酸钠、NaHM 腐殖酸钾、无铬磺化褐煤GSMC、PFC	CARBONOX，TANNATHIN，LIGCO，CAUSTI-LIG，K-LIG，XKB-LIG	水基钻井液降黏剂和乳化剂及辅助降失水剂或页岩抑制剂
磷酸衍生物	羟亚乙基叉二膦酸、氨基三亚甲叉膦酸、乙二胺四亚甲叉膦酸盐、EDTMPS		水基钻井液降黏剂
丙烯酸聚合物	PAA，PAAS，聚丙烯酸钠		淡水钻井液降黏剂
硅稀释剂	HJN-301，GX-1		水基钻井液降黏剂
氧化木质素衍生物		MIL-KEM，LIGNOX，RD-2000，IDF POLYLIG	水基钻井液降黏剂

附表2-5　降失水剂类

通称或主要成分	中国名称	外国名称	主要用途
预胶化淀粉或羧甲基淀粉、聚合淀粉、羟基淀粉等	PDF-FLO，PDF-FLO HTR，DFD-II，DFD-140，GD 10-2，CMS，LSS-1，LS-2，CMS-Na，STP	MILSTARCH，IMPERMEX，MY-OL-JEL，IDFLO LT，PERMA-LOSE HT，DEXTRID，POLY-SAL，IDFLO，THERMAPAC UL	水基钻井液降滤失剂，多数不会发酵，有些产品使用时需要添加杀菌剂
低黏聚阴离子纤维素		DRISPAC-SL，MIL-PAC LV，PAC-L，POLYPAC-LV，IDF-FLR XL	水基钻井液降滤失剂及包被剂，不增黏

通称或主要成分	中国名称	外国名称	主要用途
低、中黏度钠羧甲基纤维素	CMC-LV CMC MV-CMC	CMC LOVIS, CMC-LV, CELLEX, MILPARK CMC LV	水基钻井液降滤失剂
AMPS/AAM共聚物、乙烯酰胺/乙烯磺酸盐共聚物	VSVA	KEM-SEAL, IDFLD HTR, THEREMA-CHEK	水基钻井液高温降滤失剂
AMPS/AM共聚物		PYRO-TROL, PLOY RX, IDF POLYTEMP, DRISCAL D	水基钻井液高温高压降滤失剂
腐殖酸树脂	SPNH、PSC, SPC、SHR, SCUR、HUC	CHEMTROL X, DURENEX, RESINEX, BARANEX	水基钻井液高温高压降滤失剂
褐煤产物	NaC、GN-1、Na-Hm、Na-NHm	LIGCO、LPC, CARBONOX, LIGCON	淡水钻井液降滤失剂
聚丙烯酸衍生物或聚丙烯酸盐	Na-HPAN, HPAN、Ca-HPAN、CPAN, CPA、NH₄-HPAN、NPAN, PT-1	NEW-TROL, POLYAC、SP-101、IDF AP21, CYPAN、WL-100	淡水钻井液降滤失剂,适用于无钙低固相非分散体系
磺甲基酚醛树脂、磺化木素与树脂等	SMP-1或2, SCSP、SLSP		水基钻井液抗高温降滤失剂
乙烯基单体多元共聚物	PAC143、CPF, CPA-3、SK-IDIII、PAC-142, DHL-1、PAC-143		水基钻井液降滤失剂
复合离子聚合物、阳离子聚合物	JT-888、JT-900, CHSP-I	PAL	水基钻井液抗高温降滤失剂

附　录

续表

通称或主要成分	中国名称	外国名称	主要用途
复合纤维素	QH-COC		水基钻井液降滤失剂
其他	S-88，NP924，SG-1，PSC90-4，HMF-II，A-903，SPC	TSF	水基钻井液抗高温降滤失剂

附表2-6　絮凝剂

通称或主要成分	中国名称	外国名称	主要用途
部分水解聚丙烯酰胺（液体）	PDF-PLUS（L）	NEW-DRILL，IDBOND，POLY-PLUS	配制不分散低固相体系，页岩包被抑制剂
部分水解聚丙烯酰胺（粉状）	PDF-PLUS，PHP，PHPA	NEW-DRILL HP，NEW-DRILL PLUS，EZ MUD DP，IDBOND P	配制不分散低固相体系，页岩包被抑制剂
膨润土增效剂		GELEX，X-TENDIII，DV-68，MIL-POLY-MER 354	增加黏土造浆率，配制低固相体系
阳离子聚丙烯酰胺	ZXW-III	ASP-725，PHPA-500	强絮凝包被剂
聚合氯化铝、碱式氯化铝	SEG-2，碱式氯化铝		无机强絮凝剂
聚丙烯酰胺	PAM	PAM	强絮凝包被剂
选择性絮凝剂		FLOXIT，BARAFLOC，IDFLOC	用于清水钻井，只沉除钻屑固相

· 153 ·

附表2-7　润滑剂

通称或主要成分	中国名称	外国名称	主要用途
油基润滑剂	PDF-LUBE，RT-443，FK-3	MIL-LUBE，LUBE-167，MAGCOLUBE	水基钻井液润滑降摩阻
极压润滑剂	RH-3，ZR-110，KRH	LUBRI-FILM，EP MUDLUBE，EP LUBE，IDLUBE HP	水基钻井液润滑剂
低毒润滑剂	RT-001，LZ-1，RT-003		水基钻井液润滑降摩阻
低荧光粉状防卡剂	RH8501，GRT-2		钻井液润滑降摩阻
塑料小球	GRJ-II	TORQUE-LESS	钻井液润滑降摩阻
石墨		BIT LUBE CXPORT TORQ-TRIMII	水基钻井液降摩阻剂，无污染性
复合醇润滑剂	PF-JLX	Glycol	水基钻井液润滑及抑制剂

附表2-8　抑制剂与防塌剂

通称或主要成分	中国名称	外国名称	主要用途
磺化沥青	FT-342，HL-2，FT-341，JS-90，FT-1，FT-11，SAS，LFD-II	SOLTEX，BARA-TROL，ASPHASOL	水基钻井液防塌剂，能改善泥饼质量，降低HTHP滤失量，提高泥饼润滑性
高改性沥青	KAHM		水基钻井液防塌剂，能改善泥饼质量，降低HTHP滤失量，提高泥饼润滑性

通称或主要成分	中国名称	外国名称	主要用途
油溶性氧化沥青		PROTECTOMAGIC	水基钻井液防塌剂，能改善泥饼质量，降低HTHP滤失量，提高泥饼润滑性
水分散性沥青	SR401，AL，FY-KB	PROTECTOMAGICM AK-70，SHALE-BOND，STABIL-HOLE，ASPHALT-BAROID	水基钻井液防塌剂，能改善泥饼质量，降低HTHP滤失量，提高泥饼润滑性
树脂页岩稳定剂	GLA，JHS	SHALE-BAN，HOLECOAT，IDTEX	水基钻井液防塌剂，能改善泥饼质量，降低HTHP滤失量，提高泥饼润滑性
铝配合物		ALPLEX	页岩抑制剂
阳离子化合物（小阳离子）	GD5-2，QC，FS-1，NW-1，HT-201，CSW-1，醚化剂	POLY-KAT，MCAT-A	水基钻井液抑制剂
阳离子化合物（大阳离子）	DA-III，MP-1，CPAM，SP-2，ND-89	KAT-DRILL，MCAT	水基钻井液页岩包被剂
防塌剂	WFT-666，YZ-1		水基体系防塌剂
乙二醇衍生物		AQUA-COL	水基体系页岩抑制剂
腐殖酸钾、腐殖酸铁、腐殖酸铬等	KHm，FeHm，NHmK，NSHmK，SNK-2	PSC	水基体系页岩抑制剂
聚丙烯酸钾、聚丙烯酸钙等	KHPAM，FPK，HZN101（II），K-PAN，CPA-3，PMNK，MAN-101		水基体系页岩抑制剂，包被剂

通称或主要成分	中国名称	外国名称	主要用途
复合离子聚合物	FA-367, FPT-51		水基体系页岩包被剂
长效黏土稳定剂	BCS-851, JS-7	CS-200, MFS	水基钻井液和完井液用页岩抑制剂
无机盐类	氯化钾, 碳酸钾, 氯化钠, 硫酸铵, 硫酸钙, 硬石膏	CS-200, MFS	配制抑制性钻井液体系提供阳离子
有机硅衍生物	硅抑制剂, SAH, PF-WLD, DASM-K, OXAM-K, GWJ		水基体系页岩抑制剂 聚合醇体系抑制剂
水解聚丙烯腈的钾、钠、钙、铵盐	Na-PAN, K-HPAN, KPAN, Ca-HPAN, NH$_4$-HPAN		水基体系页岩抑制剂
聚季铵盐类、长效黏土稳定剂	GB3-1, TB-F3, TDC-15, PTA		水基体系页岩抑制剂
钾铵基水解聚丙烯腈	KNPAN		水基钻井液抑制剂
无荧光防塌剂	SWF-1, MHP, GMFF		水基钻井液防塌剂
聚合醇基抑制剂	PF-JLX		聚合醇水基体系页岩抑制及润滑剂

附表2-9　堵漏材料

通称或主要成分	中国名称	外国名称	主要用途
核桃壳粒、胡桃壳粒、坚果壳	核桃壳粒	MIL-PLUG, NUT-PLUG, WALL-NUT, WALNUT SHELLS	桥堵材料，分粗中细等级
云母	云母	MILMICA, MICATEX, MICA	桥堵材料，分粗中细等级
碎玻璃纸片		MILFLAKE, JELFLAKE, FLAKE	桥堵材料，分粗中细等级
纤维混合物		MIL-FIBER, FIBERTEX, M-I FIBER, IDF MUD FIBER	桥堵材料
杉木纤维	锯屑，木屑	MIL-CEDAR, PLUG-GIT, M-I CEDAR	桥堵材料，不适用于高密度钻井液
碎纸	纸屑	PAPER	桥堵和填塞材料
混合堵漏剂	913, 911, ZJX-1	MIL-SEAL, BARO-SEAL KWIK SEAL, IDSEAL POLY SEAL	桥堵材料
棉籽壳	棉籽壳	COTTONSEED HULLS	桥堵材料
酸可溶水泥		MAGNE-SET	配堵漏水钻井液，可解堵
随钻堵漏剂		CHEK-LOSS, DYNAMITE RED	适用于渗漏或一般漏失
细碳酸钙	QS-2, OCX-1	MIXICAL, BARACARB	利于产层保护，可酸溶
蛭石	蛭石		桥堵材料
单向压力暂堵剂（液体套管）	DF-1, DYT-1	LIQUID CASING, CH-ECKLOW	利于产层保护，可酸溶
贝壳渣	蚌壳粉	CONCH SHELL	适用于高温高压井堵漏

续表

通称或主要成分	中国名称	外国名称	主要用途
脲醛树脂	N型脲醛树脂		化学堵剂
狄赛尔	高滤失堵漏剂，Z–DTR	DIASEAL M	配制高失水挤堵浆形成高固相堵塞
油溶性树脂	PF–BPA，JHY		钻井液和完井液桥塞剂，利于产层保护
聚合物膨胀剂		SUPERSTOP	水基钻井液堵漏材料
凝胶暂堵剂		WL500	可解堵，利于产层保护
水分散硬氧化沥青		HOLECOAT WONDERSEAL	用于封固垮塌性页岩裂缝

附表2-10 发泡剂

通称或主要成分	中国名称	外国名称	主要用途
可生物降解发泡剂	AS	FOAMANT，QUICK-FOAM，FOAMER 76，GEL-AIR	用于空气钻井和喷雾钻井，配制刚性泡沫
钻井液发泡剂	ABS F–842	AMPLI-FOAM	用于泡沫钻井液和钻井液雾钻井

附表2-11 消泡剂

通称或主要成分	中国名称	外国名称	主要用途
硬脂酸铝	硬脂酸铝	ALUMINUM STEARATE	水基体系消泡剂，特别适用于铁铬盐体系
烃基消泡剂		LD-8，BARA DEFOAM，IDBREAK	水基钻井液消泡剂

续表

通称或主要成分	中国名称	外国名称	主要用途
醇基消泡剂	XBS-300 GB-300 N-33025 甘油聚醚 泡敌 消泡剂7501	W. O. DEFOAM, BARA BRINE, DEFOAM-A, MAGCONOL, SURFLO	水基钻井液消 泡剂
烷基苯磺酸钠	烷基苯磺酸 钠	DEFOAMER A-40, DE-FOAM L, POLY DEFOAMER	特别适合饱和 盐水体系
复配性消泡剂	AF-35		水基钻井液消 泡剂
硅油型消泡剂	DSMA-6 GD13-1		水基钻井液消 泡剂

附表2-12　水基钻井液用乳化剂

通称或主要成分	中国名称	外国名称	主要用途
阴离子型表面活 性剂混合物	AS、ANSN ABS SPAN-80	SWSTRIMULSO, SALINEX, ATLOSOL-S	用于淡水钻井 液，钙处理钻 井液和低pH钻 井液
非离子型表面活 性剂	OP系列（OP- 4，OP-7，OP- 10，OP-15）	DME, HYMUL, AKTAFLO-E	用于水基钻井 液作为乳化剂

附表2-13　杀菌剂

通称或主要成分	中国名称	外国名称	主要用途
多聚甲醛	多聚甲醛 WC-85 KB-901 KB-892	PARAFORMAL, DEHYEDE, ALDACIDE, IDCIDE, MAGCOCIDE, BACBANIII	水基钻井液杀菌 剂也可用于完井 液
氨基甲酸酯	CT10-1	BARA-B33	用于防止聚合物 和淀粉发酵
甲醛	福尔马林	HCHO	

续表

通称或主要成分	中国名称	外国名称	主要用途
可生物降解的硫化氨基甲酸盐		DRYOCIDE, IDCIDE P	用于防止淀粉发酵
有机硫类	SQ–8 S–20		水基体系杀菌
异构噻唑基化合物		X–CIDE 207	水基钻井液杀菌剂
环境许可的广谱杀菌剂	CT–101	IDCIDE L	水基钻井液杀菌剂
苄基氯化铵类	1227 复合1227		水基钻井液杀菌剂
五氯酚钠		DOWICIDE GBACTERIOCIDE	用于水基钻井液抑制细菌

附表2–14 高温稳定剂

通称或主要成分	中国名称	外国名称	主要用途
铬酸盐或重铬酸盐	铬酸钾 重铬酸钾 铬酸钠 重铬酸钠		水基钻井液高温稳定剂
专利产品	PF–PTS	PTS–200	水基聚合物钻井液抗高温稳定剂

附表2–15 清洁剂

通称或主要成分	中国名称	外国名称	主要用途
钻井液清洁剂	RH–4、 PF–D.D	MILPARK MD, CON–DET, DRLG DETERGENT	水基钻井液防泥包及降摩阻
洗涤剂		MIL–CLEAN, BARA–KLEAN, KLEEN–UP, IDWASH, BARAROID RIG WASH	油基钻井液钻屑洗涤剂、钻机设备洗涤剂

附表2-16　缓蚀剂

通称或主要成分	中国名称	外国名称	主要用途
碱式碳酸锌	碱式碳酸锌	MIL-GARD, SULF-X, NO-SULF, COAT-45	除硫化氢剂
锌螯合物		MIL-GARD R, SULF-X ES, BARASCAV-L, IDZAC	除硫化氢剂
亚硫酸氢铵或其他亚硫酸盐	亚硫酸钠 亚硫酸氢铵 PF-OSY KO-1	NOXYGEN, COAT-888, IDSCAV 210, BARACOR 113, IDSCAV	除氧剂
成膜性胺		AMI-TEC, UNISTEAM, CONQOR 202, CONQOR 101, AQUA-TEC, BARA FILM, COAT-B 1815	用于防护硫化氢和CO₂及O₂的腐蚀
咪唑啉类	M2, SL-28		腐蚀抑制剂
磷酸钠类	焦磷酸钠（四钠）三聚磷酸钠（五钠）		缓蚀剂
有机化合物	8185 JC-463	SCALECHEK, SCALE-BAN	水垢抑制剂、缓蚀剂

附表2-17　碱度控制剂

通称或主要成分	中国名称	外国名称	主要用途
$NaOH$	烧碱	Caustic soda	提高pH值和除镁
KOH	氢氧化钾	Potassium Hydroxide	提高pH值和提供钾离子
Na_2CO_3	纯碱	Sode Ash	除钙和提高pH值
$NaHCO_3$	碳酸氢钠	Bicarbonate	处理水泥污染和除钙

续表

通称或主要成分	中国名称	外国名称	主要用途
$Ca(OH)_2$	氢氧化钙	MIL–LIME	处理硫化氢和CO_2污染或配制石灰钻井液
CaO	氧化钙	MIL–LIME	配制石灰钻井液或水基系中用做絮凝剂及控制碱度
高温pH值缓冲剂（聚合物）		PTS 100, Thermobuff	高温下水基钻井液和完井液的pH值控制

附表2-18　油基钻井液用原材料和添加剂

通称或主要成分	中国名称	外国名称	主要用途
1#柴油	1#柴油	DIESEL OIL NO.1	取心用油基体系基础液
2#柴油	2#柴油	DIESEL OIL NO.2	油基钻井液基础液
低毒矿物油	白油	ESCAID 110, HDF 200, LVT200, BASE OIL	低毒油基钻井液基础液能满足一般环保要求
人造油（酯基化合物醚基化合物或线形α链烯烃）	酯基化合物	NOVASAL, ESTERS LAO, PETRO-FREE IO, PAO, ETHERS	人造油油基体系基础液不污染环境，可取代柴油和白油
$CaCl_2$	氯化钙		配油基体系水相盐水，活度可达0.384
NaCl	氯化钠 海盐 岩盐		配油基体系水相盐水，活度可达0.75
KCl	氯化钾		配油基体系水相盐水
脂肪酸类乳化剂	环烷酸钙 硬脂酸钙 烷基苯磺酸钙 油酸钙、ABS 十二烷基磺酸钙	CARB-TEC, INVERMUL, VERSAMUL, INTERDRILL FL	油基钻井液主乳化剂，需配合石灰

附　录

续表

通称或主要成分	中国名称	外国名称	主要用途
脂肪酸的胺衍生物		CARBO-MUL, INVERMUL NT, VERSACOAT, VERSAWET, INTERDRILL EMUL	油基体系乳化剂
高活性非离子型乳化剂		CARBO-MIX, DRILTREAT, INTERDRILL ESX	用于高含水量的油基体系
油溶性聚酰胺	油酸酰胺	CARBO-MUL HT, EZ MUL NT	抗高温乳化剂及润湿剂
高活性非离子型乳化剂		CARBO-TEC HW, NOVAWET	用于高含水量高密度油基体系乳化剂及润湿剂
酯基体系乳化剂		NOVAMUL, NOVAMOD	用于人造油酯基体系乳化剂
氧化钙	石灰，生石灰	LIME	控制碱度，处理 CO_2 和 H_2S 污染，皂化作用等
锂蒙皂石有机土		CARBO-GEL, GELTONE II, VERSAGEL, VISTONE TH	油基体系增黏，降滤失建造泥饼及提高悬浮能力

附表2-19　解卡剂

通称或主要成分	中国名称	外国名称	主要用途
钠蒙皂石或钙锂蒙皂石有机土	有机黏土（801，812，821，4602，4606等）	CARBO-VIS, GELTONE I, INTERDRILL VISTONE, VG-69, VERSAMOD	油基体系增黏，降滤失建造泥饼及提高悬浮能力
沥青类	氧化沥青	CARBO-TROL, VERSATROL, INTERDRILL S	油基体系增黏和降滤失

· 163 ·

续表

通称或主要成分	中国名称	外国名称	主要用途
天然硬沥青制品		CARBO-TROL HT, INTERDRILL VISOL	油基体系高温高压降滤失剂
褐煤的胺衍生物	腐殖酸酰胺	CARBO-TROL, A-9 DURATONE HT, VERSALIG, INTERDRILL NA	油基体系降滤失剂
橡胶类产品		CARBO-VIS HT	油基体系增黏,提高低剪切速率下黏度
聚酰胺类物质		VERSA-HRP	油基体系增黏,提高低剪切速率下黏度
两性型表面活性物质	JFC 快T	VERSA SWA	油润湿剂
油溶性磺酸盐		SURF-COTE	油润湿剂
脂肪酸亚胺咪唑磺酸钙		INTERDRILL O.W	高效油润湿剂及稀释剂
降黏剂		VERSATHIN, DEFLOC, OMC, DRILTREAT	油基体系降黏剂
抗高温反絮凝剂		INTERDRILL DEFLOC	用于高密度油基体系
人造油体系油润湿剂		NOVASOL	用于酯基体系

附录三　常用材料密度

常用材料密度见附表 3-1。

附表3-1　常用材料密度

普通名称	化学名称	分子式	相对密度
水		H_2O	1
柴油			0.85
硬石膏	硫酸钙	$CaSO_4$	2.9
石灰石	碳酸钙	$CaCO_3$	2.7~2.9
黏土			2.6~2.9
食盐	氯化钠	$NaCl$	2.2
	氯化钾	KCl	1.99
	氯化钙	$CaCl_2$	1.95
重晶石	硫酸钡	$BaSO_4$	4~4.5
方铅矿	硫化铅	PbS	6.5~6.9
赤铁矿	氧化铁	Fe_2O_3	5.1
石英	二氧化硅	SiO_2	2.65
钛铁矿		$FeTiO_3$	4.7
黄铁矿	硫化铁	FeS_2	5

附录四　钻井液常用公英制单位换算表

密度单位换算见附表4-1。

附表4-1　密度单位换算

1b/gal	1b/ft³	g/cm³	kg/m³	1b/gal	1b/ft³	g/cm³	kg/m³
6.5	48.6	0.78	780	15.5	115.9	1.86	1860
7	52.4	0.84	840	16	119.7	1.92	1920
7.5	56.1	0.9	900	16.5	123.4	1.98	1980
8	59.8	0.96	960	17	127.2	2.04	2040
8.3	62.3	1	1000	17.5	130.9	2.1	2100
8.5	63.6	1.02	1020	18	134.6	2.16	2160
9	67.3	1.08	1080	18.5	138.4	2.22	2220
9.5	71.1	1.14	1140	19	142.1	2.28	2280
10	74.8	1.2	1200	19.5	145.9	2.34	2340
10.5	78.5	1.26	1260	20	149.6	2.4	2400
11	82.3	1.32	1320	20.5	153.3	2.46	2460
11.5	86	1.38	1380	21	157.1	2.52	2520
12	89.8	1.44	1440	21.5	160.8	2.58	2580
12.5	93.5	1.5	1500	22	164.6	2.64	2640
13	97.2	1.56	1560	22.5	168.3	2.7	2700
13.5	101	1.62	1620	23	172.1	2.76	2760
14	104.7	1.68	1680	23.5	175.8	2.82	2820
14.5	108.5	1.74	1740	24	179.5	2.88	2880
15	112.5	1.8	1800				